普通高等教育"十二五"规划教材

微机保护安装测试与维护

主　编　潘光贵　姚旭明

副主编　宁日红　何宏华　黎庚荣

中国水利水电出版社

www.waterpub.com.cn

内 容 提 要

  本书紧密结合工程实际应用,将微机继电保护原理、二次回路和微机继电保护测试技术三方面的内容综合在一起,以与生产实际应用完全一致的微机继电保护装置、测试仪和接线图为例,介绍了微机型继电保护装置的安装接线、检测调试与运行维护等工作方面的主要知识和技能。

  本书主要面向电力类高等职业院校发电厂及电力系统、电力系统自动化技术和供用电技术等专业而编写,它也可作为电力系统从事继电保护装置安装、测试、维护等工程技术人员的培训教材和参考用书。

图书在版编目(CIP)数据

微机保护安装测试与维护 / 潘光贵,姚旭明主编
. -- 北京 : 中国水利水电出版社,2015.1(2022.12重印)
普通高等教育"十二五"规划教材
ISBN 978-7-5170-2883-3

Ⅰ. ①微… Ⅱ. ①潘… ②姚… Ⅲ. ①微型计算机—
计算机应用—继电保护装置—高等学校—教材 Ⅳ.
①TM774-39

中国版本图书馆CIP数据核字(2015)第018404号

书　　名	普通高等教育"十二五"规划教材 **微机保护安装测试与维护**	
作　　者	主编　潘光贵　姚旭明　　副主编　宁日红　何宏华　黎庚荣	
出版发行	中国水利水电出版社 (北京市海淀区玉渊潭南路1号D座　100038) 网址:www.waterpub.com.cn E-mail:sales@mwr.gov.cn 电话:(010)68545888(营销中心)	
经　　售	北京科水图书销售有限公司 电话:(010)68545874、63202643 全国各地新华书店和相关出版物销售网点	
排　　版	中国水利水电出版社微机排版中心	
印　　刷	北京市密东印刷有限公司	
规　　格	184mm×260mm　16开本　9.75印张　232千字	
版　　次	2015年1月第1版　2022年12月第3次印刷	
印　　数	7001—10000册	
定　　价	**37.00元**	

前　言

　　与传统保护装置相比，微机保护装置具有十分明显的优点，因此，微机保护装置已在我国电力系统中得到广泛应用。为了适应继电保护技术这一发展状况，多年来，国内有关的专家和学者陆续编写并出版了许多微机保护方面的教材，这些教材在我国微机保护技术的教学和应用甚至科研上发挥了重要的作用。

　　高等电力职业院校培养的是面向电力行业生产、建设、服务、管理第一线需要的高素质技术技能型人才。目前，绝大多数微机保护教材主要是针对本科及以上层次的教学编写的，通常并不适合于高职教学的需要。为此，编者在参考国内电力系统有关继电保护的技术资料和许多优秀微机保护教材的基础上，结合多年的高职院校微机保护课程理论和实训教学经验、工程实践经验编写本书。

　　全书以工程实际中的微机保护装置安装接线、检验测试与运行管理和维护等工作为主线，以提高学生实践技能水平和理论分析能力为目标，根据项目化教学的需要，设计了微机保护装置及其运行管理、微机保护装置的检验与测试和微机保护装置的安装接线三大教学项目，包含了 7 个工作任务和近 20 个工作子任务，内容包括微机保护的原理、二次回路、运行维护和安装测试等方面，基本涵盖了在变电站建设及运行维护过程中所需的、与继电保护及二次回路有关的知识和技能，内容安排的完整性、系统性好，有利于初学者对微机保护装置及其二次回路有一个较为系统、全面的掌握。

　　本书对理论知识方面的内容以"够用"为原则，剔除数字滤波器和保护算法的冗长数学推导，避免过于复杂烦琐的理论分析，有利于学生建立并保持学习好微机保护课程的信心和兴趣；对于技术、技能方面的实操项目，以"实用"为准则，着力介绍当前工程主流应用技术，全书在用词和叙述方式上，力求通俗易懂，尽量贴近现场工程技术人员的表达习惯。

　　由于编写时间紧迫、经验不足和水平有限等原因，本书难免存在一些不妥甚至错误之处，请广大读者批评指正。

编者

2014 年

目　录

项目二　微机保护装置的检验与测试

项目一　微机保护装置及其运行管理

项　目　概　述

一、项目导言

可靠性是继电保护应满足的四个基本要求之一。工程实践表明，要保证继电保护装置工作的可靠性，需要保护装置本身采用高质量的组成器件、精细的制造工艺和合理的回路设计及良好的接线，并定期进行正确的检验、测试和调整，同时，优良的运行维护和管理水平对提高可靠性也具有非常重要的作用。

微机保护装置的运行管理工作主要涉及保护柜的主要组成及其用途、功能配置及其作用、操作方法、运行监视等方面。

二、项目总体目标

（1）能根据保护对象的需要完成微机型保护柜的常规装配及功能配置工作。

（2）能完成微机保护装置的菜单操作，完成保护动作报告及定值清单的查看、修改、打印、拷贝和定值切换等操作。

（3）能根据微机保护装置液晶显示信息、信号灯指示，判断保护装置的运行状况。

（4）能根据要求完成微机保护装置或其功能的投入、停用、调整等操作。

（5）基本能完成保护柜（保护装置）操作回路的防跳试验。

（6）掌握常见微机型继电保护柜的主要组成及其用途。

（7）理解微机保护装置压板、运行控制字、跳闸控制字等常用术语的作用以及它们之间的关系。

（8）了解变电站微机型继电保护装置运行规程的一般规定。

（9）掌握微机型继电保护装置的硬件组成及其作用，理解数据采集系统的作用、组成及基本工作原理。

（10）基本了解微机型继电保护装置软件的工作机理。

（11）理解微机保护装置各信号灯以及液晶显示信息的含义，熟悉微机继电保护柜上各个压板、按钮、切换开关、空气开关等部件的用途及操作方法。

（12）掌握保护装置操作回路的基本工作原理。

（13）养成严谨细致的工作作风；树立安全第一、可靠性第一的思想；提高自主学习能力以及分析和解决问题的能力。

三、主要工作任务

（1）实地观看、记录微机型继电保护柜的主要组成和接线情况，说明各个组成部分的主要用途、作用，绘制保护柜屏面布置图、设备配置表等。

（2）完成 110kV、220kV 线路或变压器的保护功能配置及压板设置。

（3）利用装置的键盘和液晶屏，完成微机型继电保护装置参数及定值的查看、修改、拷贝、打印和切换等工作。

（4）按要求调整保护装置的运行状态。

（5）测量保护柜跳闸出口压板上下开口端的对地电位，并分析说明相关的二次回路是否正常。

（6）完成保护柜（保护装置）操作回路的防跳试验。

（7）完成微机型继电保护装置动作或报警后各信号灯和报告信息的查看、记录、判断等工作。

工作任务一　认识微机型继电保护柜

任　务　概　述

一、工作任务表

序号	任务内容	任 务 要 求	任务主要成果（可展示）
1	微机型继电保护柜的装配	根据要求或需要配置继电保护柜的装置，选择装置的型号、主要技术参数，给各个组成装置及其端子排编号	保护柜屏面布置图及设备配置表
2	微机型继电保护柜的功能配置	完成微机型保护柜的功能配置，设置相应的压板	（1）保护装置功能配置表；（2）压板设置图

二、设备仪器

序号	设备或仪器名称	备　　注
1	PRC41B 线路保护柜（110kV）	南京南瑞继保电气有限公司
2	PRC78E 变压器保护柜（220kV）	南京南瑞继保电气有限公司
3	PRC02B 线路保护柜（220kV）	南京南瑞继保电气有限公司
4	SAL35 线路保护柜（110kV）	积成电子股份有限公司
5	SAT3X 变压器保护柜（110kV）	积成电子股份有限公司

三、项目活动（步骤）

顺序	主要活动内容	时间安排
1	实地观看并记录 PRC41B、PRC02B 和 PRC78E 等微机型继电保护柜的主要组成及其作用和接线情况	课内完成
2	总结归纳实地查看记录的结果，了解微机型继电保护柜的组成及接线特点，并撰写报告	课内完成
3	试分别投入（接通）、退出（断开）保护柜上各个压板，观察、记录保护柜液晶屏的显示内容，并总结投退不同压板时液晶屏显示的异同	课内完成
4	学习微机型继电保护装置的硬件组成及其基本工作原理	课内完成
5	学习有关电网继电保护的技术规范和知识	主要在课外完成
6	识读 PRC41B、PRC02B 和 PRC78E 等微机型继电保护柜的接线图纸，了解保护柜内各个装置的作用和接线	主要在课内完成
7	查阅 RCS941、RCS902、RCS978、SAL35、SAT3X 等系列微机成套保护装置技术说明书和其他资料	课外完成

续表

顺　序	主要活动内容	时间安排
8	利用所学的继电保护技术知识、技术规程规范，给某一条（台）110kV或220kV线路/变压器配置保护功能，编制保护功能配置表，选择装置的型号、主要技术参数，并给各个组成装置及其端子排编号	课内完成与课外完成相结合
9	绘制保护柜的空气开关、端子排接线图和压板设置图，要求按压板的作用属性标注其颜色	课内完成与课外完成相结合

工作子任务一　微机保护柜的装配

［工作任务单］

保护柜装配方案单（样单）

保护对象：

工作风险提示：无

保护柜柜面布置图：

保护柜设备配置表：

序号	符号	名　　称	型　　号	数量	主要技术参数
1					
2					
3					
4					
5					
6					
7					
8					
9					
10					
11					

教师评定：

学习反思：

要求：

（1）待装配保护柜的保护对象由教师指定，主要为110kV、220kV的线路或变压器。

（2）所选保护装置必须为当前电力系统主流应用的微机型保护装置，功能应能满足保护对象的要求，按常规配置。

（3）应符合国家电网或南方电网继电保护技术规范或设计标准。

（4）主要技术参数一栏，只需标明装置工作电源的种类及额定电压、电流互感器二次额定电流、断路器跳合闸电流等参数。

（5）各个装置、端子排、附件均按编号原则编号。

（6）上讲台利用多媒体课件演示、讲解装配方案，介绍各个组成设备及附件的用途，并回答同学和教师的提问。

[知识链接一]

一、微机型继电保护柜的组成

微机型继电保护柜的具体组成和主要技术参数，可从保护柜生产厂家提供的接线图并结合继电保护柜实体了解得到。通常情况下，微机型继电保护柜主要由微机型继电保护装置、端子排、打印机和自动空气开关、按钮、切换开关、压板（连接片）等其他附件组成；在接线图纸的封面上，往往标明了保护柜的主要技术参数，包括所用电流互感器的二次额定电流（5A或1A）、装置的直流工作电源（操作电源）额定电压（220V或110V），以及对应断路器的跳合闸电流等。

对于电压等级为220kV及以上变压器或线路的保护柜通常配置独立的操作箱；而电压等级为110kV及以下的，一般采用将操作回路与保护装置一体化的设计。

若电气一次主接线为双母线，保护装置所用的电压取自于母线电压互感器时，还需增加交流电压切换装置，以便在被保护对象连接到不同母线时，保护装置所用的电压互感器二次电压能自动切换，保证保护装置采集的二次电压与一次系统保持对应。有些型号的操作箱内部带有电压切换回路1套，此时，可相应减少配置交流电压切换装置1台。

一些带有纵联保护功能（如高频保护）的保护柜还需要配置专用收发信机或光纤通信接口装置（保护装置自带数字通信接口除外）；具有光纤电流差动保护功能的保护装置本身通常内置有光端机，自带光纤接口，以减少保护通道的中间环节。

图1-1所示为PRC02B型220kV线路

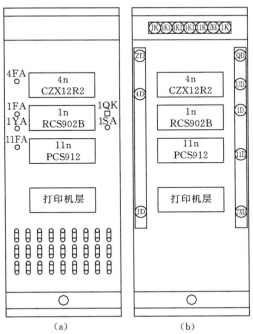

图1-1　PRC02B型220kV线路保护柜
的柜面布置图

（a）正面图；（b）背面图

保护柜的柜面布置图。

由图 1-1 可见，PRC02B 型 220kV 线路保护柜内主要设备如下：

（1）微机型 220kV 线路成套保护装置 1 台，型号为 RCS902B，其作用是判断被保护线路是否发生故障，如果线路发生故障，保护装置将动作发出跳闸命令，并具备自动重合闸功能。

（2）数字式收发信机 1 台，型号为 PCS912，其用途是将本侧保护的高频信号发送至对侧，并接收对侧保护送来的高频信号，以构成高频保护。

（3）操作继电器箱 1 台，型号为 CZX12R2，其主要用途是接收保护装置或测控装置送来的命令，完成对线路断路器的分、合闸操作。

（4）重合闸方式选择开关 1 只，作用是方便运行人员设定及切换保护装置的重合闸方式：三相重合闸、单相重合闸、综合重合闸或停用。

（5）压板若干个，主要作用是方便运行人员完成投退保护功能、设定保护跳合闸出口方式等操作。

（6）直流电源自动空气开关 5 只：1K 给保护装置提供工作电源；4K1、4K2 将两组直流操作电源接入操作继电器箱，作为断路器的跳、合闸操作电源等；4K3 专用于给操作继电器箱内的交流电压切换回路提供电源；11K 为收发信机提供工作电源。

（7）交流电压自动空气开关 1 只：1ZKK，其主要作用是将电压互感器二次侧电压接入保护装置。

（8）按钮开关 5 只：1FA、11FA 和 4FA 分别为保护装置、收发信机和操作继电器箱的信号复归按钮；1YA 是保护装置打印动作报告按钮，按下该按钮后，装置将打印出最近一次保护动作的动作报告；1SA 是高频通道的试验按钮，便于运行人员对高频通道进行检查。

图 1-2 和图 1-3 分别为 PRC41B 型 110kV 线路保护柜和 PRC78E 型 220kV 变压器保护柜的柜面布置图。

二、微机型继电保护柜内设备的编号原则

由图 1-1～图 1-3 可见，相对于电磁型继电保护柜，微机型继电保护柜内的组成装置较少，为方便运行管理与维护，微机型继电保护柜内装置的表示符号和装置对应的端子排符号常按统一的原则编号，见表 1-1，而装置附属的小空气开关、按钮、切换开关等配件编号第一位则为对应装置编号中的序号，图 1-1 中，"1n" 装置的复归按钮编号为"1FA"，而"11n"装置的复归按钮编号为"11FA"。

装置编号要求在同一面柜（屏）内不得重复，当同一面柜内有两个或两个以上的同类型装置时，应采取措施加以区别，比如，在按主保护与后备保护分开配置的变压器保护柜内，有高、中、低压侧三套相同的独立后备保护装置，则对应的编号可编为 1-2n、2-2n 和 3-2n，相应的端子排编号编为 1-2D、2-2D 和 3-2D 等。

当柜内某个装置的端子较多，端子排较长时，一般还应对其端子排按功能进行分段编号。分段编号常采用"装置编号中的序号＋回路编号"来实现，其中，"回路编号"为反映该端子排段功能的代码字母，见表 1-2。

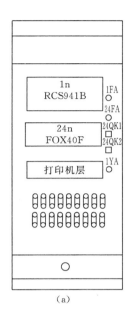

图 1－2　PRC41B 型 110kV 线路
保护柜的柜面布置图
（a）正面图；（b）背面图

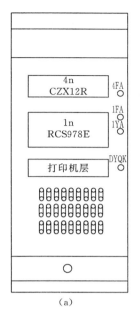

图 1－3　PRC78E 型 220kV 变压器
保护柜的柜面布置图
（a）正面图；（b）背面图

表 1－1　　　　　　　　　　　微机型继电保护柜内装置编号原则

装 置 类 型	装置编号	对应端子排编号
电量保护（包括线路、变压器、母线、母联、高抗保护等）	1n	1D
独立后备保护	2n	2D
断路器保护装置（带 ZCH）	3n	3D
操作箱	4n	4D
变压器、高抗非电量保护	5n	5D
交流电压切换箱	7n	7D
断路器辅助保护（失灵启动箱、不带 ZCH）、母联（分段）保护	8n	8D
过电压保护及远跳就地判别装置	9n	9D
短引线保护	10n	10D
收发信机、远方信号传输装置	11n	11D
继电保护数字接口装置	24n	24D

表 1－2　　　　　　　　　　　微机型继电保护柜内端子排分段编号原则

回路名称	端子排分段编号	回路名称	端子排分段编号	回路名称	端子排分段编号
直流电源	ZD	交流电流	*ID(*InD)	交流电源	JD
强电开入	*QD	弱电开入	*RD	非电量开入	*FD
交流电压	*UD(*UnD)	出口回路（正端）	*CD	失灵启动	*SD
中央信号	*XD	出口回路（负端）	*KD	备用端子	BD
保护配合	*PD	遥控信号	*YD		
录波信号	*LD	监控通信	TD		

注　表中"＊"为与装置编号对应的序号。

三、微机型继电保护柜接线简化示意图

以 220kV 系统的线路继电保护为例，微机型继电保护柜各个组成部分之间的连接情况可用图 1-4 来示意。图中，对各个回路包括操作箱的启动、防跳、保持、信号等回路作了简化或省略处理。

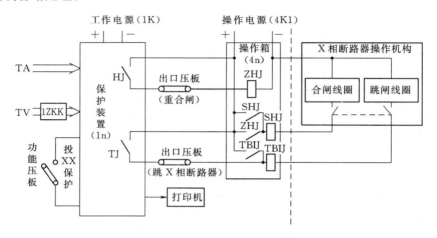

图 1-4　微机型继电保护柜接线简化示意图

被保护线路的电流、电压经互感器送至保护装置。保护装置通过对电流、电压进行变换、计算和逻辑运算后，判断被保护线路是否发生故障。若判定被保护线路发生故障，保护装置的跳闸出口继电器 TJ 动作，其动合触点闭合，经跳闸出口压板启动断路器的跳闸回路，使断路器跳闸切除故障。断路器跳闸后，若保护装置重合闸功能在投入状态，重合闸出口继电器 ZHJ 将动作，其动合触点闭合，经重合闸出口压板启动断路器的合闸回路，使断路器重新合闸。为保证能可靠地使断路器跳、合闸，保护出口继电器的触点，操作箱内设有跳闸和合闸的保持回路。

四、220kV 变电站保护装置组屏原则

目前，在 220kV 变电站，220kV、110kV 电压系统侧的保护及测控装置一般采用集中布置方式，而且 220kV 系统通常遵循"主后一体，双主双后"的保护配置原则。

每回 220kV 线路应配置两套完整的、相互独立的、主后一体化设计的微机型继电保护装置，因此，线路保护通常以保护装置为单元，组两面柜；按断路器配置操作箱，即一组断路器配置操作箱一套；对于单断路器线路，应配独立的、能满足具有"单合圈双跳圈"断路器需要的分相操作箱一套，装在其中的一面柜上，由两套保护装置共用，保护装置与其使用的交流电压切换装置、打印机、收发信机或远方信号传输装置共同组屏。

220kV 侧一般采用双母线电气主接线，母线的继电保护也按双重化配置，配两套相互独立的母线保护装置；每一套装置与其使用的母线隔离开关辅助触点模拟盘、打印机组一面柜；母联保护装置与母联断路器操作箱、打印机组一面柜；这样，220kV 双母线的保护装置一般需要组成三面保护柜。

每一台 220kV 主变压器保护配置相互独立的、两套主后一体化设计的电气量保护装

置和一套非电量保护装置。通常情况下，两套电气量保护装置与其使用的交流电压切换装置（电气主接线为双母线情况）、打印机等各自组一面柜；非电量保护装置以及高压侧断路器辅助保护装置（配置时）组一面柜；共组成三面柜。各侧断路器操作箱分别装在以上两面或三面柜上。

每回 110kV 线路配置保护、操作回路和交流电压切换回路（电气主接线为双母线情况）一体化的微机型继电保护装置一套，因此，可采取两回 110kV 线路的保护装置同组在一面柜上的组柜方式，共用一台打印机；当 110kV 线路采用纵联保护装置时，也可单独组一面柜；110kV 侧母线保护配置一套保护装置，组一面柜；35kV 或 10kV 的保护、测量与控制等二次设备采用分散布置方式，使用保护测控一体化装置，安装在相应的高压开关柜上。

110kV 主变压器通常采用主后分开配置，主保护装置、各侧后备保护装置和非电量保护装置以及打印机共同组在一面柜上。

五、微机型继电保护装置的硬件结构

微机型继电保护装置是微机型继电保护柜的核心设备。目前，电力系统微机型继电保护装置是指以微处理器（单片机、DSP）为核心部件，利用数字信号处理、计算机软件和人工智能等技术来实现继电保护功能的一种工业控制装置。通常简称为微机保护装置或微机保护。其基本工作机理是：将来自被保护对象的模拟量（电流、电压）转换成数字量，并送入微处理器进行计算处理和分析判断，以决定是否动作。

（一）微机继电保护装置的特点

自 20 世纪 90 年代中期起，微机继电保护装置在我国电力系统继电保护中就开始得到广泛应用，与电磁型、晶体管型和集成电路型等传统继电保护相比，微机保护的优点和特点主要体现在以下几个方面：

（1）保护性能优越。许多在传统型式的继电保护装置中难以处理的技术问题，在微机保护中得到了较好的解决；人工智能技术、计算机网络技术以及精密复杂的数学算法等先进技术也得以应用，使微机保护的性能很优越。

（2）灵活性大。由于微机保护的保护原理主要由软件决定，只要改变软件就可以改变保护的特性和功能，因此，可灵活地适应电力系统各种运行方式及发展变化的要求，也减少了现场维护工作量；不同一次设备的保护装置在硬件设计上也可以采用同样的方案，从而可提高装置检修的效率。

（3）维护调试方便。微机保护装置对其自身的硬件和软件都有自诊断功能，对外部一些二次回路的状况也有一定的判别能力，一旦发现异常就会发出报警信号，因此，微机保护装置运行维护及调试的工作量远比传统型式的保护装置要小。

（4）可靠性更高。微机保护装置具有在线自检功能，可以避免由于硬件异常引起保护的误动或拒动；通过软件的编程，微机保护具备一定的自动纠错功能，自动识别和排除外部干扰信号，防止保护因受到干扰而误动。这些能力是传统保护无法具备的，因此，微机保护装置的可靠性更高。

（5）易于获得附加功能。

（6）可以实现网络化。目前，微机保护装置可以根据需要提供包括 100M 以太网在内

的各类通信接口，具备强大的数据通信能力。

（二）微机继电保护装置的硬件组成及其作用

微机继电保护装置是微机保护柜的核心设备。完整的微机继电保护装置包括硬件系统和软件系统两大部分，装置的继电保护功能由软件决定，而硬件则是软件的运行基础平台。如图 1-5 所示，典型的微机型继电保护装置硬件结构由数据采集系统、开关量输入输出系统、CPU 主系统、人机接口及通信接口回路和电源五个部分组成。

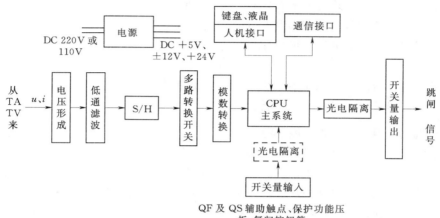

图 1-5　微机型继电保护装置硬件系统结构框图

1. 数据采集系统

数据采集系统的作用是将来自电流互感器（TA）、电压互感器（TV）的模拟输入量转换成数字量即完成模数转换，以供 CPU 主系统用于判断电力系统及被保护的电气设备是否发生故障或出现异常状况。按模数转换方式的不同，常用的数据采集系统有两种：比较变换式（ADC 式）和压频变换式（VFC 式）。

ADC 式数据采集系统转换过程需要经过隔离、规范或变换输入量、滤波、采样和模数变换等多个环节，因此，ADC 式数据采集系统由电压形成回路、低通滤波器、采样保持电路、多路转换开关和模数转换器组成，如图 1-5 所示。

（1）电压形成回路。电压形成回路主要由电压变换器和电流变换器组成，位于保护装置的交流输入插件上。电压形成回路的主要作用是将来自电压互感器、电流互感器的电压和电流按比例地变换成为适合数模转换要求的小电压信号，同时，还能起到隔离和屏蔽的作用，提高保护装置的抗干扰能力。

图 1-6 所示为微机型线路保护装置的电压形成回路与一次系统的接线原理图。线路保护需要用到 8 路电压、电流输入模拟量，对应的装置就需设有 8 路电压形成回路：4 个电压变换器和 4 个电流变换器。4 个电压变换器分别用于母线侧三相电压 $\dot{U}_A$、$\dot{U}_B$、$\dot{U}_C$ 和重合闸检同期或检无压用的线路侧电压 $\dot{U}_X$ 的输入变换；4 个电流变换器分别用于线路三相电流 $\dot{I}_A$、$\dot{I}_B$、$\dot{I}_C$ 和零序电流 $3\dot{I}_0$ 的输入变换。

（2）采样保持（S/H）电路。采样保持电路的作用是在给定的时刻对连续变化的模拟

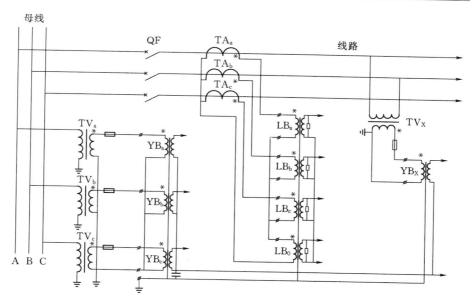

图 1-6　微机型线路保护装置的电压形成回路与一次系统的接线原理图

信号的瞬时值进行测量，并在模数转换期间保持其输出不变。

　　所谓"采样"，是在给定的时刻对连续的模拟信号进行测量。通过采样将连续的模拟量离散化，以便进行后续的模数转换。

　　采样得到离散的模拟量后就可以进行从模拟量到数字量的转换。但从启动开始进行模数转换到转换结束输出数字量，需要一定的时间，显然，在转换时间内，采样得到的模拟量应基本保持不变，以保证转换精度。即在整个转换过程中，要将采样得到的模拟量的电平"保持"住。能完成上述"采样"和"保持"功能的器件称为采样保持器。采样保持的过程如图 1-7 所示。

　　每隔相同的时刻对模拟信号进行测量一次称为理想采样，微机保护装置采用的都是理想采样。

　　1）采样周期和采样频率。相邻两个采样点之间的时间间隔称为采样周期，记作 T_s，通常采用的单位为 s 或 ms；而采样频率是指单位时间内（通常为 1s）采样的次数，记作 f_s，单位为 Hz。显然，采样周期与采样频率互为倒数，即 $T_s = 1/f_s$。例如，采样频率 f_s 为 1200Hz 时，则相应的采样周期 T_s

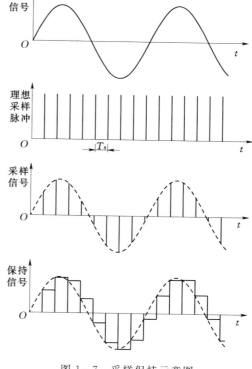

图 1-7　采样保持示意图

为 0.833ms。

2）每工频周波采样次数。通常还使用"每工频周波采样次数"来描述装置采样快慢。每工频周波采样次数实际上是采样频率相对于工频频率（50Hz）的倍数。例如，采样频率为 1200Hz，则对应的每工频周波采样次数即为 1200/50＝24 次。

采样频率越高，每周波采样次数就越多，装置对模拟信号的测量就越准确。但采样频率越高对计算机运算速度的要求也越高，计算机必须在相邻两个采样时刻之间完成它的运算工作。否则将造成数据的堆积而导致运算紊乱。在目前的技术条件下，微机保护中使用的采样频率主要有 600Hz、1000Hz、1200Hz 等 3 种。

3）采样定理。为了保证采样得到的离散信号能真实代表被采样原始模拟信号，使装置准确地测量所需的模拟信号，采样频率必须大于输入信号中的最高次频率的两倍，$f_s \geqslant 2f_{max}$，这就是著名的采样定理。如果不满足采样定理，将出现"高频成分混入低频成分"的频率混叠现象。

2. 开关量输入输出系统

开关量输入输出系统的作用是完成将外部触点输入保护装置（即所谓的"开入"）以及保护装置输出跳合闸命令和信号（即所谓的"开出"）等功能。

（1）开入量。为了识别被保护对象的运行方式、用户设定的本装置工作方式以及接收外部其他装置的状态等，微机保护装置需要一些开关量（触点）的输入，例如保护装置的复归按钮、功能压板、重合闸方式切换开关触点、对时触点以及跳闸位置继电器的触点、收信机的收信触点等。

（2）开出量。微机保护装置也有很多开关量（触点）的输出，例如跳合闸触点、收发信机的发信触点、遥信触点、中央信号触点以及跳闸信号触点等。

保护装置的开入开出量中，有些是属于装置本身面板上的触点（如复位按钮），这类触点引入路径很短且与外部无电路联系，可直接接至 CPU 的并行接口，如图 1-8（a）所示。而有些开关量是从外部经端子排引到保护装置的，引入路径较长或与外部有电路联系，因此，可能给保护装置引入很多干扰信号。为了微机系统的工作不受这些干扰信号影响，在微机系统与这些外部触点之间要经过光电耦合器件进行光电隔离，使微机系统与外部接点之间没有直接的电与磁的联系，如图 1-8（b）和图 1-9 所示。有些开关量尤其是经长电缆连接的开关量，甚至需要采取继电器隔离和光电隔离双重措施后才能引到保护装

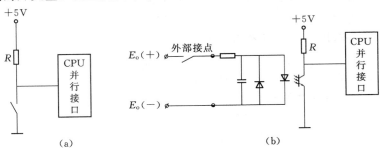

图 1-8 开入回路
（a）直接接入 CPU 的开入；（b）光电耦合隔离的开入

置 CPU。

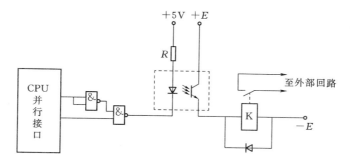

图 1-9 开出回路

（1）强电开入与弱电开入。对于图 1-8（b）中的电源 E_c 即开入回路所用的电源，常简称为开入电源，根据开入电源电压的高低，开入方式可分为强电开入与弱电开入两种。当开入量需从较远处引入，如从保护室（控制室）外开关站断路器操作机构引入的断路器辅助触点、从通信机房载波机引入的收信触点等，开入电源电压为 220V 或者 110V，称为强电开入；而位于保护柜上的开入量，如功能压板、重合闸方式切换开关触点等，开入电源通常直接取自保护装置电源插件输出的光耦电源，其电压仅为 24V，故称为弱电开入。在此，值得注意的是：有些型号保护装置对保护柜上的开入量也采用或可选用强电开入方式，如 WXH-800 系列微机保护装置就采用强电开入方式。

（2）磁保持开出。按动作后是否自动返回，开出量也可分为两类：一类是随保护动作，当保护返回时也即刻自动返回，如跳合闸触点、遥信触点等；另一类是随保护动作并保持，当保护返回时不自动返回，需手动按下装置的复归按钮或远方信号复归后才返回，在此将这类开出量简称为磁保持开出，如中央信号触点、跳闸信号触点等。

3. CPU 主系统

CPU 主系统的作用是对来自数据采集系统的原始数据及开关量输入系统的接点信号进行分析处理、运算、判断，以完成继电保护功能。

CPU 主系统主要由 CPU（包括单片微处理器、数字信号处理器）和各种存储器组成。CPU 是保护装置进行运算和控制的核心器件，为了充分发挥各自的优点，提高装置性能，目前，微机型继电保护装置常同时采用单片微处理器（16 位或 32 位）和数字信号处理器（DSP，32 位）。

微机型继电保护装置中，存储器用来保存装置的采样值、保护的程序和定值以及运算过程中的中间数据。根据不同任务的需要，微机型继电保护装置采用了三种类型的存储器：随机存储器（RAM）、只读存储器（一般采用 EPROM）和电可擦除可编程只读存储器（EEPROM）。

保护装置运行时，CPU 执行预先存放在 EPROM 内的程序，将数据采集系统得到的信息存入 RAM 中，进行分析处理，并与 EEPROM 内的保护定值进行比较、判断，以实现各种继电保护的功能。

4. 人机接口及通信接口回路

微机型继电保护装置的人机接口回路主要由键盘和液晶显示器构成，通过人机接口回路，运行人员可以对继电保护装置的信息或状态进行输入、查看、修改、打印等操作。

为了实现多机通信或与后台监控系统进行通信、交换信息，微机型继电保护装置通常还设置通信接口回路，可提供 RS - 232/422/485 串行通信接口、现场总线通信接口、以太网通信接口等，具体组网可按需要选择。

5．电源

为了提高抗干扰能力，微机保护装置通常采用逆变电源。这种电源可以将厂站内的强电直流系统与微机保护装置的弱电系统完成隔离开来，其工作过程是先将直流电逆变为交流电，再把交流电整流为保护装置所需的多组稳压直流电源，如 5V、±15V 和 24V 等。

6．RCS900 系列微机保护装置的硬件组成及工作原理

目前，高压及超高压电网的微机型继电保护装置都采用多 CPU 结构，即设置多个 CPU 模块，以提高装置的可靠性。RCS900 系列微机保护装置的硬件组成如图 1 - 10 所示。

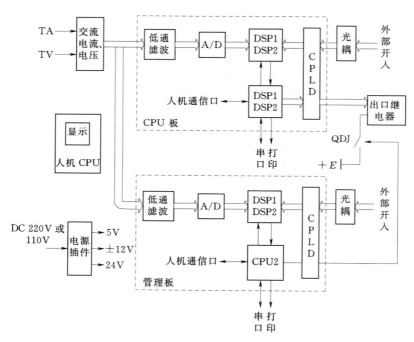

图 1 - 10　RCS900 系列微机保护装置的硬件组成框图

保护装置的工作过程如下：来自电流互感器和电压互感器的交流电流、电压首先转换成小电压信号，分别进入 CPU 板和管理板，经过滤波，模数转换后，进入 DSP。DSP1 进行后备保护的运算，DSP2 进行主保护的运算，结果传给 32 位 CPU。32 位 CPU 进行保护的逻辑运算及出口跳闸，同时完成事件记录、录波、打印、保护部分的后台通信及与人机 CPU 的通信。管理板工作过程与上述类似，只是 32 位 CPU 判断保护启动后，只开放出口继电器正电源。另外，管理板还进行主变故障录波，录波数据可通过通信口输出或打印输出。电源部分由一块电源插件构成，功能是将 220V 或 110V 直流变换成装置内部需要的电压，另外还有开关量输入功能，开关量输入经由 220V/110V 光耦。模拟量转换

部分由 2～3 块 AC 插件构成，功能是将电压互感器或电流互感器二次侧电气量转换成小电压信号，交流插件中的电流变换器按额定电流分为 1A 和 5A 两种，应按变电站的实际情况选择，并在投运前注意检查。CPU 板和管理板是完全相同的两块插件，完成滤波、采样、保护的运算或启动功能。出口和开入部分由 3 块开入开出插件构成，完成跳闸出口、信号出口、开关量输入功能，开关量输入经由 24V 光耦。

工作子任务二　微机保护柜的功能配置及压板设置

[工作任务单]

保护柜功能及压板配置单（样单）

保护柜名称：

工作风险提示：无

保护柜压板配置图：

保护柜功能配置表（若有两套或两套以上保护装置，请分表）：

序号		符号		装置名称		装置型号	
主保护							
后备保护							
其他功能							

教师评定：

学习反思：

要求：

（1）按常规情况配置保护功能。

（2）应符合国家电网或南方电网继电保护技术规范、设计标准。

（3）按压板的作用属性标注其颜色，在图中标注方式为 。

投差动保护
（黄色）

（4）上讲台利用多媒体课件演示、讲解保护功能及压板配置方案，并回答同学和教师的提问。

[知识链接二]

一、保护柜上的压板

为了运行维护及测试的方便，保护柜上需设置有若干个压板，保护柜上的压板也称保护连接片。如前所述，保护柜上的压板实际上是微机型继电保护装置开关量输入输出系统的主要部分，是保护装置与外部联系接线的桥梁和纽带。

按作用分，保护柜上的压板可分为功能压板、出口压板和备用压板三种。功能压板属于保护装置的开入量，用于完成把保护装置的某些功能投入或退出工作的操作，一般地，它决定了保护装置的某个功能能否发挥作用，若把保护柜上某个保护功能对应的功能压板退出（断开），则该保护功能将退出工作，不起保护作用。出口压板属于保护装置的开出量，又可分保护跳闸、合闸出口压板和启动出口压板。出口压板用于将保护装置的动作出口命令送到执行机构，它直接决定了动作出口命令能否送出执行，例如，某个跳闸出口压板被断开后，当保护动作时，将无法去跳开对应的断路器。启动出口压板一般被引至其他保护装置、自动装置，用作其他装置的开入量，或者去控制其他电气回路，如失灵启动压板、解除失灵电压闭锁、闭锁低压侧备自投压板和启动风冷等。

压板装在保护柜正面，一般遵循"按装置分排，按作用分区"的布置原则，在柜上按每行 9 个压板布置，不足一行的，需用备用压板补足。压板的常用型式有线簧式和普通分立式两种，如图 1-11 所示。

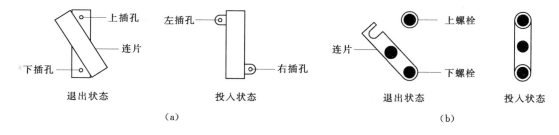

图 1-11　压板的型式及状态示意图
（a）线簧式压板；（b）普通分立式压板

为防止混淆，功能压板、出口压板、备用压板分别采用黄色、红色和浅驼色三种颜色标识，即功能压板的压板头或连片标黄色，出口压板的压板头或连片标红色，备用压板的压板头或连片标浅驼色。所有压板的底座均采用浅驼色。

无论投入还是退出压板，都必须操作到位，位置稳定。对于线簧式压板，进行投退操作时均应先将压板连片拔出，使两端插针脱离插孔，再扭动连片以改变压板状态；投入压板时，应使连片插针对准上、下插孔并用力下压，以保证接触良好；退出压板后，应使连片插针插入左、右插孔中。对于普通分立式压板，投入压板时，应拧紧连片的上、下螺栓，保证可靠地接通回路；退出压板后，应拧紧连片的下螺栓，以保证其位置稳定。

二、保护功能软压板和运行方式控制字

　　以上所述的保护柜上功能压板通常称为硬压板。为了能在监控系统后台机和调度（集控）中心后台机上实现远方投退保护功能，微机保护装置通常还设有对应的保护功能软压板，可以通过整定其定值来投退相应的保护功能，整定为"1"表示投入，"0"表示退出。一般情况下，保护功能的硬压板与软压板是一一对应的，即保护柜上的一个功能硬压板，装置就设有与之相应的软压板。对于较复杂的保护功能（如阶段式保护、变压器差动保护等），一些型号的微机保护装置还设有运行方式控制字，以便使保护装置能更灵活地适合电力系统运行要求。运行方式控制字也是置"1"时表示投入相应的功能，"0"表示退出相应的功能。这样，具体到某一个保护功能是否投入工作、能否发挥作用，除受其功能硬压板控制外，还要受到对应的功能软压板、控制字的控制，一般地，一个保护功能的硬压板与软压板、控制字的逻辑关系为"与"，即只有某个保护功能的硬压板与软压板、控制字同时投入，该保护功能才会投入。例如，PRC41B 和 PRC02B 线路保护柜上都设有"投距离保护"硬压板，装置也设有相应的"距离保护"软压板，由于距离保护有Ⅰ段、Ⅱ段、Ⅲ段，为此，又设有"距离保护Ⅰ段"、"距离保护Ⅱ段"和"距离保护Ⅲ段"3 种运行方式控制字。因此，要使距离保护各段均投入，需要同时满足以下 3 个条件：

　　（1）保护柜上的"投距离保护"硬压板投入。

　　（2）装置的"距离保护"软压板整定为"1"。

　　（3）装置的"距离保护Ⅰ段""距离保护Ⅱ段""距离保护Ⅲ段"3 个控制字均置为"1"。

　　可见，距离保护Ⅰ段、Ⅱ段、Ⅲ段共用一个保护功能硬压板和软压板，而哪一段投入还受其对应的控制字制约。

　　需要注意的是，有些型号保护装置的一些保护功能可能不设置对应的硬压板，此时，保护功能的投退由软压板、控制字状态决定。

三、保护跳闸控制字

　　为能灵活地满足各种运行要求，尤其是作用于多个断路器的保护装置（如变压器保护装置），通常设有跳闸控制字（或称为跳闸矩阵定值、跳闸出口设定字、保护跳闸出口组态等），用来设定保护功能的跳闸出口方式。保护装置中的某个保护功能动作后，去跳开哪些断路器或是否跳闸由该保护功能的跳闸控制字决定。

　　以 RCS978E 变压器保护装置为例，动作于跳闸的各个保护功能均有各自的跳闸控制字，其定义见表 1-3。具体到某个保护功能，若在该保护功能跳闸控制字的保护投入位（第 0 位）和其所跳开断路器位填"1"，其他位填"0"，即可得到该保护功能的跳闸出口方式。

表 1 - 3　　　　　　　　　　　　　RCS978E 变压器保护跳闸控制字

位	15	14	13	12	11	10	9	8	7	6	5	4	3	2	1	0
功能	未定义	未定义	未定义	跳闸备用5	跳闸备用4	跳闸备用3	跳闸备用2	跳闸备用1	跳Ⅲ、Ⅳ侧分段	跳Ⅱ侧母联	跳Ⅰ侧母联	跳Ⅳ侧开关	跳Ⅲ侧开关	跳Ⅱ侧开关	跳Ⅰ侧开关	本保护投入

　　例如，若要求高压侧（Ⅰ侧）相间后备保护过电流Ⅱ段第二时限动作出口时，跳开变压器高、中、低压（无分支）三侧断路器，则应在其控制字的第 0 位、第 1 位、第 2 位和第 3 位均填 "1"，其他位均填 "0"，对应的十六进制跳闸控制字为 000FH。

四、线路及变压器保护的基本配置

　　220kV 线路保护装置通常配置纵联保护（如纵联电流差动保护、纵联距离保护、纵联零序方向保护、纵联方向保护等）作为主保护；以阶段式相间距离保护、阶段式接地距离保护、阶段式零序电流保护和相过电流保护等作为后备保护及辅助保护；装置还应具备一次自动重合闸功能，重合闸工作方式可根据需要在三相重合闸、单相重合闸、综合重合闸和停用 4 种方式中选择。

　　在变电站中，主后一体化设计的 220kV 变压器电气量保护装置配置纵差动保护（主要有比率差动保护、差动电流速断保护等）作为主保护；变压器高、中压侧配置复合电压闭锁（方向）过电流保护作相间短路后备保护，零序过电流保护、间隙零序过电流和零序过电压保护作为接地后备保护，必要时，可增配阻抗保护。变压器低压侧复合电压闭锁过电流保护作相间短路后备保护，以及延时作用于发信号的零序过电压保护。变压器高、中、低压三侧均应分别配置延时动作于信号的过负荷保护。

　　110kV 线路保护装置通常配置阶段式相间和接地距离保护、阶段式零序电流保护作为线路故障保护；对于要求全线快速切除故障的线路，可增配纵联保护作主保护；应配置三相一次自动重合闸功能；还可配置低周减载、不对称故障相继速动保护和双回线相继速动保护等保护功能。

［知识拓展］　微机继电保护的软件原理简介

一、微机保护算法和数字滤波器的基本知识

（一）微机保护算法概述

1. 微机保护算法的概念

　　微机保护装置根据模数转换器输入电气量的若干采样值（即电气量的若干瞬时值）进行分析、运算和判断，以实现各种继电保护功能的方法，称为微机保护算法。

2. 微机保护算法的类型

　　微机保护算法可分为两大类。第一类算法是根据输入电气量的若干个采样值，通过数学式或方程式算出保护判断故障所需的量值，然后与给定值进行比较。这一类算法利用了微机能进行数值计算的特点，实现了许多模拟型继电器无法实现的功能。例如，距离保护可根据电流和电压的采样值计算出复阻抗的模和幅角或阻抗的电阻和电抗分量，然后与给定的阻抗动作区进行比较，其动作特性的形状就可以非常灵活（如采用多边形的动作区），

不像模拟型距离保护的动作特性形状决定于一定的动作方程。此外，还可以根据阻抗计算值中的电抗分量计算出短路点距离，起到一定的测距作用。第二类算法是按照模拟型保护的原理，不计算保护判断故障需要的量值，通过动作程序判断故障。虽然这一类算法所依照的原理和模拟型保护一样，但由于运用微机所特有的数字处理和逻辑运算功能，保护性能有明显的提高。两种算法的区别在于是否计算出量值。本书仅就第一类算法的计算思路做介绍。

3. 利用算法实现电气量保护的方法

不同于模拟型保护，微机保护依靠计算机的计算能力，通过算法实现各种不同原理的保护。不同原理的电气量保护区别在于判断故障的电气量不同，例如，电流保护用电流有效值判断故障，电压保护用电压有效值判断故障，差动保护用差动电流有效值判断故障，零序电流保护用零序电流有效值判断故障。微机保护利用算法实现各种电气量保护原理的方法是利用数据采集系统在一个或几个周波内采到的若干个采样值（即若干个瞬时值，简称若干点），代入算法算式中，由算法计算出保护用于判断故障所需的量值，再与给定值进行比较，比较的结果决定保护是否动作，由此可实现各种原理的保护。

能用于故障判别的电气量有很多，如电流、电压等的有效值和相位以及测量阻抗等，电流和电压的工频分量或序分量，某次谐流分量的大小和相位等。微机保护只要通过算法计算出这些电气量的量值，再与给定值进行比较，便可构成各种不同原理的微机保护。

4. 保护算法和数字滤波的关系

为了保证微机保护动作的可靠性和灵敏性，大多数微机保护都是用电流和电压的工频分量来判断故障。少数微机保护用电流、电压的二次谐波分量、三次谐波量，最高用到五次谐波分量来判断故障，例如，变压器差动保护中利用频率为 100Hz 的二次谐波分量实现励磁涌流制动判据；发电机定子绕组单相接地保护中要利用频率为 150Hz 的三次谐波分量实现接近发电机中性点范围内的单相接地判据；小电流接地系统接地选线保护利用频率为 250Hz 的五次谐波分量选出故障线路。还有个别保护用非周期分量（即衰减的非周期分量）来判断故障。可见，微机保护一般只用电流和电压的某一个频率分量判断故障，而现场采集到的电流和电压含有多种分量，包括工频分量、多种频率的各次谐波分量、非周期分量，因此在算法中必须考虑数字滤波的问题，即从原始采样的数据中提取单一的工频分量或某次谐波分量的问题。有些算法本身具有数字滤波功能，可单独使用实现保护功能。而有些算法必须和数字滤波相结合，在数字滤波完成后，才能使用保护算法计算某一个频率分量。

5. 保护算法的评价标准

算法的评价标准是精度和速度。精度就是保护根据输入量判断电力系统故障或不正常运行状态的准确程度。速度由两个方面决定：一是采样用时（即数据窗）；二是算法本身的运算用时。由于算法的运算用时远小于采样用时，因此速度主要由采样用时决定。精度与速度又总是相互矛盾的，若要精度高，则要利用更多的采样点数和进行更多的计算工作，这会使算法的速度降低。所以研究算法的实质是如何在精度和速度两方面进行权衡。例如，有的快速保护选择的采样点数较少，而后备保护不要求很高的计算速度；但对计算精度要求就提高了，选择采样点数就较多。对算法除了精度和速度的要求之外，还要考虑算法的数字滤波功能，因此在评价算法时还要考虑它对数字滤波的要求。

（二）数字滤波器

在微机保护里数字滤波由数字滤波器实现。数字滤波器是非实体的滤波器，它的本质就是用软件编写的一段程序，用以实现从电流和电压的采样数据中提取单一的工频分量或某次谐波分量。

1. 数字滤波器与保护算法的配合

电力系统发生故障时，电流和电压中含有工频分量、多种频率的各次谐波分量、非周期分量，对于用工频分量实现故障判别的保护，必须由数字滤波器将工频分量滤出，再由保护算法算出分量值。对于用某个频率的谐波分量实现判别的保护，因此必须用数字滤波器滤出相应的谐波分量。例如，小电流接地系统接地选线保护利用频率为 250Hz 的五次谐波分量选出故障线路，因此必须用数字滤波器滤出五次谐波分量；变压器差动保护中利用频率为 100Hz 的二次谐波分量实现励磁涌流制动判据，因此必须用数字滤波器滤出二次谐波分量；发电机定子绕组单相接地保护中要利用频率为 150Hz 的三次谐波分量，实现接近发电机中性点范围内的单相接地判据，因此必须用数字滤波器滤出三次谐波分量。

2. 微机保护常用的数字滤波器

在微机保护中常用的滤波器有简单数字滤波器、级联滤波器和零、极点滤波器。

（1）简单数字滤波器是通过对采样点进行加、减法运算与延时构成的线性滤波器。这种滤波器不考虑暂态过程和其他高频分量的影响，计算结果精度较低，因此一般用于速度较低的保护中，例如过负荷保护、过电流保护和一些后备保护。简单数字滤波器有 4 种，分别为减法滤波器、加法滤波器、积分滤波器和加减法滤波器。

（2）级联滤波器由 4 种简单数字滤波器级联而成，它具有单元滤波器的主要特点，但在性能上较简单数字滤波器有了较大的改善。例如，若需提取故障信号中的工频分量，可将减法滤波器和积分滤波器相级联，利用减法滤波器减少非周期分量的影响，而借助积分滤波器来抑制谐波分量的作用。但随着滤波精度的提高，滤波器的采样用时随之增加，从而降低了滤波速度。

（3）零、极点滤波器是用零、极点配置法设计的数字滤波器。

（三）微机保护算法简介

1. 常用算法

微机保护常用算法有傅氏算法、正弦函数模型算法（包括两点乘积算法、三采样值算法、导数算法、二次微分算法和半周积分算法）、最小二乘算法、解微分方程算法（包括差分算法和积分算法）、移相算法、滤序分量算法、相电流突变量算法、继电器特性算法等。为了保证计算精度，这些算法常与数字滤波器配合使用。

2. 算法的任务

无论是哪一种算法，其作用都是用若干个采样值（瞬时值）计算出保护判断故障所需的量值。有了量值才能进行比较、判断，以完成保护功能。

3. 算法的计算过程

虽然算法有很多种，但算法计算量值的过程相同，其过程是：取电气量若干个采样值→将采样值代入算法算式→算出量值。下面以两点乘积算法和三采样值算法为例说明。

例 1： 用两点乘积算法求工频交流电流有效值 I 的计算过程。

两点乘积算法是取正弦电流和电压的两个采样值的乘积来计算电流有效值、电压有效值、测量阻抗和相位等量值的算法。该算法的采样要求是对纯正弦量取两个采样值，两个采样值之间隔 $90°$，算法的采样用时为 $T/4$（T 为正弦量的周期）。

采用两点乘积算法计算工频电流有效值 I 的过程如下：首先，选取间隔时间为 5ms（即对应的采样电角度间隔为 $90°$）的 t_1 和 t_2 两个时刻的电流采样值 i_1、i_2，如图 1-12 所示。然后，将 i_1、i_2 代入两点乘积算法的算式 $2I^2 = i_1^2 + i_2^2$，即可计算出 I 值。对于工频正弦交流电，该算法的采样用时恒为 5ms。

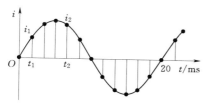

图 1-12 两点乘积算法计算
工频电流采样图

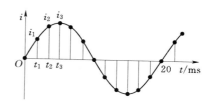

图 1-13 三采样值算法计算
工频电流采样图

例 2： 用三采样值算法计算工频电流有效值 I 的计算过程。

三采样值算法是取正弦电流和电压的三个连续的等时间间隔的采样值来计算电流有效值、电压有效值、测量阻抗和相位等量值的算法。该算法的采样要求是取三个采样值，采样间隔为 T_s（T_s 为采样周期），算法采样用时为 $2T_s$。

假设采样频率 $f_s = 600\text{Hz}$，即采样周期 $T_s = 1.667\text{ms}$ 用三采样值算法计算工频交流电流有效值 I 的过程如下：首先，取 t_1、t_2、t_3 三个时刻对工频交流电流进行采样所得到的采样值，如图 1-13 所示，采样电角度间隔为 $30°$，得到三个电流采样值 i_1、i_2、i_3，然后将 i_1、i_2、i_3 代入三点乘积算法的计算式 $I^2 = i_1^2 + i_3^2 - i_2^2$，即可计算出 I 值。此时，该算法的采样用时为 $2T_s = 2 \times 1.667 = 3.334$（ms）。

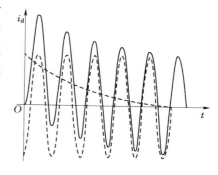

图 1-14 短路电流波形图

通过以上两例可知，两点乘积算法和三采样值算法可用于计算同一个电气量的量值，计算过程相同，区别在于算法不同，采样要求和算式不同。

两点乘积算法和三采样值算法计算工频量值时，计算精度和采样对象是否为纯工频量有关，当采样对象为纯工频量时，计算精度才能满足要求。电力系统发生故障后，短路电流 i_d 不是纯工频量，其波形如图 1-14 中实线所示，此时若直接用这两种算法计算 i_d 的工频分量有效值 I_1，会产生很大的误差。

因此，微机保护使用两点乘积算法或三采样值算法计算 I_1 时，必须与数字滤波器配合，其计算过程如图 1-15 所示，首先，由微机保护的数据采集系统等时间间隔 T_s 对 i_d 进行采样，得到若干个电流瞬时采样值 i_0、i_1、i_2、$\cdots$、i_N。然后，将采样值输入 50Hz

数字滤波器进行数字滤波，可提取出 i_d 的工频分量 i_{d1}。最后，由两点乘积算法或三采样值算法计算出 I_1。整个过程中，从 50Hz 数字滤波器到算出 I_1 均通过执行数字滤波程序和保护算法程序来完成。

图 1-15 短路电流工频分量有效值计算过程示意图

为了准确地提取工频分量，数字滤波器滤波采样用时至少为一个周波（一个周波时间为 20ms），算法与数字滤波器配合后，计算用时约为滤波采样用时和算法采样用时之和。

4. 傅氏算法

（1）傅氏算法的基本原理和特点。傅氏算法原理简单，计算精度高，本身具有较强的滤波作用，因此在微机保护中得到广泛应用。

傅氏算法的基本思路来自于傅里叶级数，它假定被采样的模拟量 $x(t)$ 是一个周期性时间函数，由基波分量和各次谐波分量以及不衰减的直流分量组成，可表示为

$$x(t) = b_0 + \sum_{n=1}^{\infty} (b_n \cos n\omega_1 t + a_n \sin n\omega_1 t) \quad (n = 1, 2, 3, \cdots)$$

式中：b_0 为直流分量；a_n、b_n 分别为各个交流分量（包括基波和各次谐波）的正弦项和余弦项的振幅，计算式如下：

$$a_n = \frac{2}{T} \int_0^T x(t) \sin(n\omega_1 t) dt \qquad (1-1)$$

$$b_n = \frac{2}{T} \int_0^T x(t) \cos(n\omega_1 t) dt \qquad (1-2)$$

经过对某个交流分量的正弦项和余弦项进行合并及三角变换可以得到：

$$\left. \begin{array}{l} x_n(t) = \sqrt{a_n^2 + b_n^2} \sin(n\omega_1 t + \theta_n) = \sqrt{2} X_n \sin(n\omega_1 t + \theta_n) \\ \tan\theta_n = \dfrac{b_n}{a_n} \end{array} \right\} \qquad (1-3)$$

式中：$X_n = \sqrt{\dfrac{a_n^2 + b_n^2}{2}}$ 为该分量的有效值；θ_n 为该分量的相位。

可见，只需得到出某个交流分量的正弦项和余弦项的振幅，就可以按式（1-3）计算出该分量的有效值和相位。而在计算机的计算中，式（1-1）和式（1-2）和积分可以用梯形法则来代替：

$$a_n = \frac{1}{N} \left[2 \sum_{k=1}^{N-1} x_k \sin\left(kn \frac{2\pi}{N}\right) \right] \qquad (1-4)$$

$$b_n = \frac{1}{N} \left[x_0 + 2 \sum_{k=1}^{N-1} x_k \cos\left(kn \frac{2\pi}{N}\right) + x_N \right] \qquad (1-5)$$

以上两式中：N 为一个周期采样点数；x_k 为第 k 次采样值；x_0、x_N 分别为 $k=0$ 和 $k=N$ 时的采样值。

不难看出，只要采样频率满足一定要求，式（1-4）和式（1-5）计算精度是可以保证的。

傅氏算法的优点是在对周期性电气量进行采样计算时，具有滤波功能，可以直接从采样值中提取某一频率的周期分量。因此用傅氏算法无须与数字滤波器配合，就能独立完成稳态短路电流采样计算，对于有延时的保护而言，极大地减少了计算量，有很高的使用价值。若傅氏算法用于暂态短路电流采样计算，由于暂态短路电流受非周期分量的影响不具周期性，造成计算误差大，须辅以前级差分滤波器，才能使计算的精度满足要求。

（2）傅氏算法的计算过程。傅氏算法是利用周期性电流和电压在一个周波的采样值来计算电流有效值、电压有效值、测量阻抗和相位等量值的算法。

傅氏算法要利用到采样一个周波得到的所有采样值，因此，对于工频交流量，算法采样用时为 20ms。

傅氏算法计算过程是：对现场电气量进行采样→将采样值代入傅氏算法算式→算出某个频率分量有效值和相位。例如，用傅氏算法计算稳态短路电流 i_{dw} 的工频电流分量有效值 I_1 和相位 θ_1 的计算过程是：首先，由微机保护的数据采集系统等时间间隔 T_s 对 i_{dw} 进行采样，采样一个周波后得到若干个电流瞬时采样值 i_0、i_1、i_2、…、i_N。图 1-16 为采样频率 $f_s = 600\text{Hz}$ 时对工频电流进行采样的情况。将一工

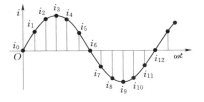

图 1-16 傅氏算法采样示意图

频周期内采样得到的这些采样值先代入式（1-4）和式（1-5）内，且取 $n=1$，求出工频电流分量的正弦项和余弦项的振幅 a_1、b_1，再将 a_1、b_1 代入式（1-3），即可计算出稳态短路电流中工频电流分量有效值 I_1 和相位 θ_1。

5. 相电流突变量算法

电力系统正常运行时，保护不启动，当电力系统发生故障时，才启动保护，为此微机保护采用启动算法，用于判断系统发生故障，启动保护。目前普遍采用相电流突变算法作为启动算法。

相电流突变算法以电流突变量作为启动判量的算法。电流突变量的计算式为

$$\Delta i_K = |i_K - i_{K-T}| \tag{1-6}$$

式中：K 为任意采样时刻；Δi_K 为任意时刻的电流突变量；T 为工频电流周期，如图 1-17 所示；i_K 为任意时刻 K 的电流采样值（即 K 时刻的电流瞬时值）；i_{K-T} 为该电流在前一个工频周期相同相位的采样值（即 i_K 在前一个周期的值）。

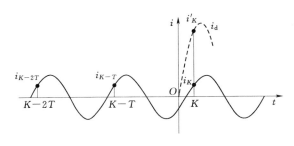

图 1-17 电流突变量采样示意图

由算式可知电流突变量为任意时刻电流采样值与前一个工频周期相同相位的采样值之差的绝对值。当系统正常运行时，电流波形如图 1-17 中实线所示，由图 1-17 可知，K 时刻的电流突变量 $\Delta i_K = |i_K - i_{K-T}| \approx 0$。若某一时刻发生短路故障，故障相电流突然增大，其波形如图 1-17 的虚线所示，由图可知，

在发生短路故障后 K 时刻的电流突变量 $\Delta i_K = |i'_K - i_{K-T}| \neq 0$。因此，相电流突变量可以区分系统正常和故障，只要合理地设置启动定值 I_{sd}，则可用于判断系统发生故障，启动保护。

微机保护每采到一个相电流瞬时值，都要经相电流突变量算法判断是否启动保护，相电流突变量算法基本判据是：$\Delta i_K = |i_K - i_{K-T}| \geqslant I_{sd}$，即当电流突变量大于整定值，则可判电力系统发生故障，启动保护。用基本算式启动保护较为简单，抗干扰能力差，启动较为频繁容易造成误启动。因此在实际应用中，采用的判据是 $\Delta i_K = ||i_K - i_{K-T}| - |i_{K-T} - i_{K-2T}|| \geqslant I'_{sd}$，这样可消除因电网频率波动引起的误差。

（四）相电流突变量启动元件

在微机保护中为了提高保护动作的可靠性，保护装置的出口均经启动元件闭锁，只有在保护启动元件启动后，保护装置出口闭锁才解除。同时，只有启动元件启动后，微机保护才启动保护算法计算电气量的量值，然后判断是否跳闸。

保护的启动元件由软件完成。目前，普遍采用相电流突变量启动元件，其原理如上所述。该元件是基于相电流突变量算法编写的一段程序。为保证工作可靠性，一般要求只有当任一相电流突变量连续三次大于整定值，相电流突变量启动元件才去启动保护。

二、微机保护装置的 TA、TV 断线自检判别原理

1. TV 断线自检原理

TV 断线自检就是检查电压互感器二次侧是否发生断线。微机保护装置可按以下两个简单的判据来检查 TV 二次侧是否断线：

（1）正序电压小于 30V，而任一相电流大于 0.1A。

（2）负序电压大于 8V。

当上述任一判据满足，同时保护未启动时，则判为 TV 异常，装置一般延时 10s 发出"TV 断线"的异常报警信号，并可自动闭锁或根据控制字来决定是否闭锁与电压有关的保护，若是线路保护还会自动闭锁重合闸。

设置报 TV 断线延时的原因是系统发生故障时，也会出现正序电压下降，负序电压增大，使判据满足，因此，通常延时 10s 才能确认是 TV 断线。

在电压恢复正常后延时 10s，保护装置自动恢复正常。有的保护不需要做 TV 断线自检，如纯电流保护。

2. TA 断线自检原理

TA 断线自检就是检查电流互感器二次侧是否断线。一个简单的 TA 断线判据如下：负序电流（或零序电流）大于 $0.06I_n$ 满足，延时 10s 发出"TA 断线"的异常报警信号，并可自动或根据控制字来闭锁受 TA 断线影响可能误动的保护，如差动保护。

应该指出，并不是所有的保护都必须做 TA 和 TV 断线自检，应根据 TA 和 TV 断线后对保护的影响来设计相应的断线自检程序。

三、微机保护程序流程

微机继电保护的各种功能由微机保护软件实现。微机保护软件主要由数字滤波器、保护算法、保护逻辑三类程序组成。安排合理的保护程序结构把这三类程序结合起来，就能

实现各种保护功能。

微机保护程序流程框图可直观地反映执行各个程序的顺序，若结合各个程序的功能，还可以了解微机保护装置的工作过程。各种微机保护装置的程序和程序流程框图差异很大，但总体上，微机保护软件系统主要包含有两大类程序，分别是主程序和中断服务程序。图1-18所示为微机保护装置一种典型的程序流程框图。

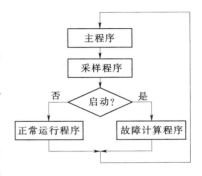

图1-18 微机保护装置一种典型的程序流程框图

微机保护装置接通电源（上电）或整组复归时，CPU响应复位中断，进入主程序入口。主程序按固定的采样周期接受采样中断进入采样程序，在采样程序中进行模拟量的采集与滤波，开关量的采集、装置硬件的自检（硬件自检内容包括RAM、EEPROM、跳闸出口三极管等）、外部异常情况的检查和启动判据的计算，根据是否满足启动条件而进入正常运行程序或故障计算程序。故障计算程序中进行各种保护的算法计算，跳闸逻辑判断，当判断要跳闸时，则启动跳闸逻辑程序实现跳闸，若为线路保护还同时启动重合闸和后加速逻辑程序，实现重合闸和后加速功能。正常运行程序进行装置的自检，装置不正常时发告警信号，信号分两种：一种是运行异常告警，这时不闭锁装置，提醒运行人员进行相应处理；另一种为闭锁告警信号，告警同时将装置闭锁，保护退出。正常运行程序和故障计算程序执行完毕后，均返回主程序。

自 测 思 考 题

1. 简述110kV变压器保护柜的主要组成及其作用，并试给各个主要组成装置和端子排、空气开关等附件进行编号。

2. 微机型继电保护装置主要有哪些优点？

3. 微机型继电保护装置主要硬件组成有哪些？简述各个组成部分的主要作用。

4. 采样定理的内容是什么？交流采样不满足采样定理会导致什么后果？

5. 按作用分，保护柜上的压板有哪几种？一般应如何标识？

6. 简述保护功能硬压板及其软压板、保护运行方式控制字之间的关系。

7. 110kV（或者220kV）线路、变压器通常配置哪些保护功能？这些功能的作用分别是什么？

8. 简述傅氏算法的基本计算原理。

9. RCS978E保护装置的TV、TA断线判别原理分别是什么？

工作任务二 微机保护装置的运行管理

任 务 概 述

一、工作任务表

序号	任务内容	任 务 要 求	任务主要成果（可展示）
1	微机型继电保护装置参数及定值的查看、修改	（1）按要求查看和记录装置的系统参数、装置参数和各个保护定值等； （2）按照给定的定值通知单对装置定值进行修改	定值记录单
2	微机型继电保护装置定值的切换与打印	（1）按要求进行保护定值区的切换； （2）通过保护装置面板上键盘和液晶屏，使用命令菜单按要求打印定值单一份，进行核对	记录单、纸质定值清单
3	保护装置运行状态的调整	（1）按运行要求投退保护装置功能压板、空气开关及调整切换开关； （2）测量保护跳闸出口压板上下开口端的对地电位	保护装置新状态、记录单
4	测量出口压板上下开口端的对地电位	分别在断路器分、合闸两种状态下，测量并记录各保护柜跳闸出口压板上下开口端的对地电位，分析说明其原因	（1）出口压板上下开口端对地电位记录表； （2）原因分析汇报资料，如 PPT 课件
5	查看保护装置液晶屏显示的各类报告信息	记录并判断保护装置在动作、异常报警等状态下液晶屏显示报告信	记录单
6	进行操作回路的防跳试验	将保护柜与断路器或模拟断路器连上，完成保护装置或其操作箱的防跳功能试验	试验方案

二、设备仪器

序号	设备或仪器名称	备 注
1	PRC41B 线路保护柜（110kV）	南京南瑞继保电气有限公司
2	PRC78E 变压器保护柜（220kV）	南京南瑞继保电气有限公司
3	PRC02B 线路保护柜（220kV）	南京南瑞继保电气有限公司
4	万用表	自备，最好为数字表
5	SAL35 线路保护装置、SAM32 测控装置	积成电子股份有限公司

三、项目活动（步骤）

顺序	主要活动内容	时间安排
1	查阅 RCS941、RCS902、RCS978、PCS915、PCS931 等系列微机成套保护装置技术说明书中装置"命令菜单"使用说明，练习操作方法	主要在课外完成
2	（1）利用保护装置的键盘和液晶屏，查看装置的系统参数定值、装置参数定值和各个保护定值等数据，并按要求做好记录； （2）接收新的定值通知单，进行核对后修改对应的保护装置定值	课内完成

续表

顺序	主 要 活 动 内 容	时间安排
3	按要求进行保护定值区的切换，并使用装置的命令菜单打印一份定值清单，核对是否有误	课内完成
4	结合实际设备，学习和验证 PRC78E 变压器保护柜上各个部件和信号灯的用途或含义	课内完成
5	编写 PRC41B 线路保护柜运行指导手册的主要内容，列出 PRC41B 线路保护柜上各个部件和信号灯的用途或含义	课内完成
6	查阅资料，了解微机型继电保护装置现场运行规程的一般规定，了解微机型继电保护柜投入运行前、运行中的检查项目、内容和要求，掌握有关的注意事项	主要在课外完成
7	按要求完成 PRC78E 变压器保护柜、PRC41B 线路保护柜运行状态的调整	课内完成
8	测量相应断路器在合闸位置情况下 PRC78E 变压器保护柜、PRC41B 线路保护柜等保护柜跳闸出口压板上下开口端的对地电位	课内完成
9	学习保护装置操作回路的工作原理	主要在课外完成
10	对出口压板上下开口端对地电位的测量结果进行分析	课内完成
11	学习保护装置在各种运行状况下液晶屏显示信息的含义	主要在课内完成
12	完成保护装置液晶屏显示信息的查看、记录和判断	主要在课内完成

工作子任务一　微机保护装置参数及定值的查看与修改

［工作任务单］

微机保护装置参数及定值的查看与修改记录单（样单）

保护柜名称：

保护装置型号：

工作风险提示：触电、设备损坏

定值区号：

序号	原定值	新定值	备注

教师评定：

学习反思：

要求：

（1）保护装置的新定值由教师给定，收到新定值单后应认真核对无误后才能修改。

（2）在"备注"一栏应就定值做一些必要的说明。

工作子任务二　微机保护装置定值的切换与打印

［工作任务表］

微机保护装置定值的切换与打印记录单（样单）

定值切换与打印操作一

保护柜名称：PRC41B 线路保护柜

保护装置型号：RCS941B

工作风险提示：触电、设备损坏

定值切换：将保护定值切换至定值区号 ［　　　］

打印内容：
　　当前定值区的保护定值清单

打印份数：
　　每组一份

教师评定：
　　打印次数：［　　　］
　　符合要求：［是］［否］

学习反思：

定值切换与打印操作二

保护柜名称：PRC78E 变压器保护柜

保护装置型号：RCS978E

定值切换：将保护定值切换至定值区号 ［　　　］

打印内容：
　　1. 系统参数定值；
　　2. 主保护定值（当前定值区）；
　　3. Ⅰ侧后备保护定值（当前定值区）；
　　4. 差动计算定值（当前定值区）

打印份数：
　　每组一份

教师评定：
　　打印次数：［　　　］
　　符合要求：［是］［否］

学习反思：

要求：

以组为单位，将保护定值切换至教师指定的定值区后，利用命令菜单完成打印操作，每组一份，妥善保管，以备后续学习用。

[知识链接一]

一、变电站继电保护装置运行规程简介

为保证电网安全稳定运行，提高继电保护运行管理水平，各个变电站通常根据本变电站的具体情况制定继电保护装置运行规程，作为现场运行人员和继电保护人员进行本变电站继电保护运行工作和保护装置使用、维护与管理的主要依据，变电站工作人员尤其是运行值班人员应熟悉运行规程并严格执行。

在实际变电站工作中，必须遵循相应继电保护装置运行规程的有关规定。

变电站继电保护装置运行规程一般规定由现场继电保护工作人员负责对运行保护装置进行正常维护、检验（包括定期检验和临时性检验）等工作，负责处理日常的继电保护运行工作，并按调度要求完成保护装置定值的修改工作；对于现场运行值班人员，继电保护装置运行规程一般要求能完成保护装置的投入、停用以及保护定值区的切换等操作，并负责对保护装置及二次回路进行巡视、检查。

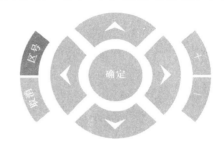

图 1-19　RCS900、PCS900 系列
保护装置键盘示意图

二、RCS900 系列保护装置的键盘

如图 1-19 所示，RCS900、PCS900 系列保护装置面板上的键盘较为简洁，总共仅有 9 个按键："▲""▼""◀""▶"为方向键，主要用于移动装置液晶屏内的光标；"＋""－"为修改键，主要用于对数字进行加减操作，以修改定值；"确定""取消""区号"为命令键，其中"确定"用于确定或执行某一项操作，"取消"用于退出当前菜单或返回上一级菜单，"区号"专用于切换保护的定值区。

图 1-20　RCS900 系列保护
装置命令主菜单

（a）RCS900 系列线路保护装置；
（b）RCS978 系列变压器保护装置

三、RCS900 系列保护装置的命令菜单

1. 进入命令菜单

微机保护装置提供了命令菜单，以供用户在查看、整定、修改、打印装置的系统参数、装置参数、保护定值和采样值等数据和调试保护时使用。对于 RCS900、PCS900 系列保护装置，在液晶屏显示主接线图、保护动作报告、异常报告或自检报告等状态下，按装置面板的"▲"键即可进入主菜单。进入 RCS900 系列保护装置主菜单后，液晶屏的显示如图 1-20 所示。由于 RCS900 系列线路保护装置的液晶屏尺寸较小，只能同时显示命令菜单的 3 个条目。

2. RCS900 系列保护装置命令菜单的结构

（1）RCS900 系列线路保护装置命令菜单的树形目录结构如图 1-21 所示。

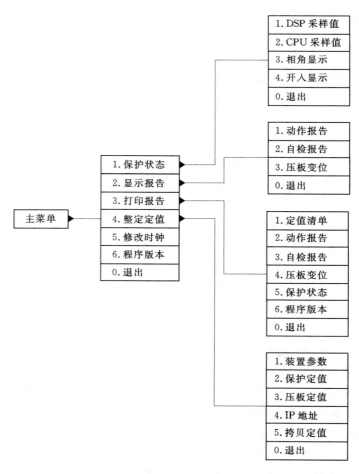

图 1-21   RCS900 系列线路保护装置命令菜单结构图

（2）RCS978E 变压器保护装置命令菜单的树形目录结构如图 1-22 所示。

3. RCS900 系列保护装置命令菜单的选择操作方法

要选择命令菜单中的条目，主要依靠装置键盘中的方向键。利用"▲""▼"两个方向键（RCS900 系列线路保护装置）或"▲""▼""◀""▶"四个方向键（RCS900 系列变压器、母线保护装置及 PCS900 系列保护装置）可移动光标以选择命令菜单条目，光标所在位置的背景为阴影且相应文字为反显。

对于 RCS900 系列变压器、母线保护装置及 PCS900 系列保护装置，若在菜单项后面标有"▶"符号，说明该项下面一定还有子菜单，按"▶"键或"确定"键即可进入相应的子菜单，按"◀"键则返回上一级菜单；而后面无"▶"符号的菜单项，则需按"确定"键进入；按"取消"键返回。

图 1-22　RCS978E 变压器保护装置命令菜单结构图

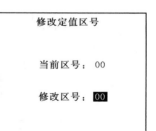

图 1 - 23　RCS900 系列线路保护装置提示输入口令画面图

4. 退出命令菜单

在命令菜单内操作完成后，可通过按"取消"键退出。RCS900 系列线路保护装置还可以通过选择主菜单上的"退出"来退出命令菜单。

5. 保护装置的密码

对微机保护装置的定值进行修改、切换等操作时，装置会要求输入密码（口令）。RCS900 系列线路保护装置提示输入口令时，液晶屏显示的画面如图 1 - 23 所示。

不同厂家生产的保护装置出厂预设的默认密码往往是不相同的。RCS900、PCS900 系列保护装置的密码为"＋""◀""▲""－"。即当装置提示输入密码时，应依次按上述四个键。

RCS900 系列线路保护装置输入口令时，每按一次键盘，液晶显示由"."变为"＊"，当显示四个"＊"时，再按"确定"键才能完成密码的输入。

6. 保护定值区的切换

微机保护装置通常可预先存储多套适用于不同运行方式的保护定值，现场运行人员可根据要求进行当前保护运行定值区的切换。为了方便现场值班运行人员进行保护定值换区操作，RCS900、PCS900 系列保护装置面板上特地设置了"区号"键，如图 1 - 19 所示。切换保护定值区的具体操作步骤如下：

（1）在液晶屏显示主接线图、保护动作报告、异常报告或自检报告等状态（液晶屏显示命令菜单除外）下，按"区号"键，装置面板液晶屏将显示当前运行定值区号和修改定值区号。图 1 - 24 所示为 RCS978 系列变压器保护装置进行切换定值区操作时液晶屏显示的画面，RCS900 系列线路保护装置切换定值区操作时的液晶屏显示与此相似。

| 修改定值区号 |
| 当前区号： 00 |
| 修改区号： **00** |

图 1 - 24　定值区号的切换

（2）通过按"＋"和"－"键将"修改区号"修改成要切换到的定值区号。

（3）按"确定"键后液晶显示屏提示输入确认密码，正确输入密码后即完成保护定值换区操作并返回。

RCS978 系列变压器保护装置具有区号分别为 00、01、02 的 3 个保护定值区，可存储三套"保护定值"，供运行人员根据需要进行切换。但是要注意的是："装置参数定值"和"系统参数定值"只有一套，且不分区。

四、查看、修改 RCS978 系列变压器保护装置定值的操作方法

进入主菜单后，使用方向键将光标移至"整定定值"条目，按"▶"键，液晶屏显示如图 1 - 25 所示。

此时，若要查看与修改"装置参数定值""系统参数定值"或"保护定值"，可用"▲""▼"两个方向键将光标移至相应条目，按"确定"键，液晶屏将显示出当前定值。按"▲""▼"键滚动选择要修改的定值，按"◀""▶"键将光标移到要修改的那一位，

按"＋"和"－"键修改数值。

　　修改好定值后，按"确定"键返回到相应的菜单，按"取消"键后，装置提示输入确认密码，依次按"＋""◀""▲""－"四个键，装置将自动保存修改的定值并返回菜单。在修改定值过程中或装置提示输入确认密码时，按"取消"键，可放弃修改定值并直接返回。

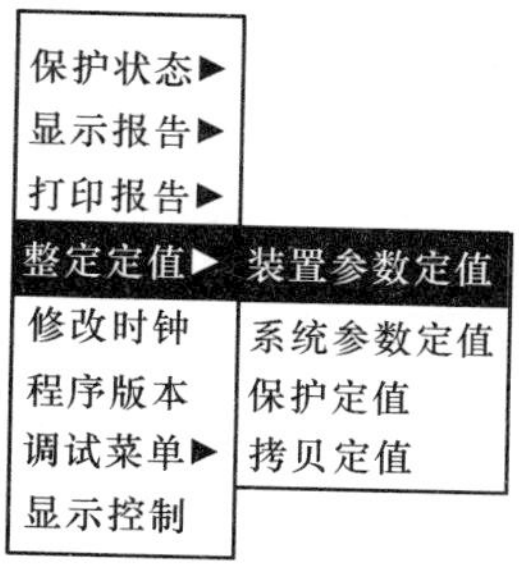

　　为了减少整定不同定值区下"保护定值"的工作量，装置提供"拷贝定值"命令，其作用是将当前定值区下的"保护定值"复制到另外一个定值区——"拷贝区号"内，"拷贝区号"可通过"＋"和"－"键修改。完成拷贝定值命令操作后，保护装置的保护定值自动切换至新的区号下。

　　需要注意的是：由于装置的"系统参数定值"只有一套，所以，在修改保护装置"系统参数定值"后，一定要将各定值区号下的"保护定值"确认一次，否则在保护装置定值换区操作时，保护装置会报"该区定值无效"信号，同时闭锁保护装置。

　　正确的保护装置定值换区的操作步骤是：事先将保护装置的"系统参数定值"整定好（此项定值单整定完成以后一般不要修改，若修改，则需按上述要求将"保护定值"确认一次），然后将各定值区下的保护定值都整定成正确的保护定值，这样在进行保护定值换区时，按照上述的保护定值换区操作步骤即可。另外一种各定值区号下的保护定值确认的方法是：通过定值拷贝功能实现各定值区号下的保护定值确认，但在修改定值过程中勿再整定系统参数定值。

　　若修改整定出错，液晶屏会显示错误信息，需重新整定。

　　对于 RCS900 系列线路保护装置，修改"系统频率""电流二次额定值"后，保护定值必须重新整定，否则装置认为该区定值无效。

图 1-25　"整定定值"菜单

保护状态▶
显示报告▶
打印报告▶
整定定值▶　　装置参数定值
修改时钟　　　系统参数定值
程序版本　　　保护定值
调试菜单▶　　拷贝定值
显示控制

工作子任务三　保护柜部件的用途及装置信号灯的含义

[工作任务单]

PRC41B 保护柜部件的用途及装置信号灯的含义（样单）

保护柜：PRC41B 线路保护柜

保护装置型号：RCS941B

工作风险提示：触电

1. 概述

续表

2. 各附属部件的用途

序 号	名 称	符 号	主要用途
1			
2			
3			
4			
⋮			

3. 信号灯的含义

	所属装置的名称及型号	
序号	名称或符号	主要含义
1		
2		
3		
4		
⋮		

教师评定：

学习反思：

要求：

（1）当保护柜上有多个装置时，各装置信号灯的含义分表说明。

（2）可现场验证部件的用途和装置信号灯的含义。

（3）做好上讲台使用多媒体课件演示、讲解和回答同学及教师提问的准备。

［知识链接二］

一、PRC78E 变压器保护柜概述

如图 1-3 所示，RCS978E 保护装置和 CZX12R 操作箱是组成 PRC78E 变压器保护柜的主要装置。本书所介绍的 PRC78E 变压器保护柜适用于 220kV/110kV/10kV 三绕组变压器，且 220kV 和 110kV 两侧的电气主接线均为双母线。

保护柜上的 RCS978E 微机型变压器保护装置配置了 220kV 三绕组变压器所需要的电量保护，采用"主后一体"的设计，可实现"双主双后"的保护配置原则。具体的保护功能配置可参见《RCS978 系列变压器成套保护装置 220kV 版技术说明书》。

在此，PRC78E 变压器保护柜配置的 CZX12R 操作箱为变压器高压侧断路器的操作

箱。CZX12R 操作箱带有一组分相合闸回路、两组分相跳闸回路和一组交流电压切换回路，并配置防跳、压力闭锁等回路，能满足具有"单合圈双跳圈"断路器的需要，保护装置、测控装置和其他有关设备可通过本操作箱对断路器进行分合闸操作。本柜的 RCS978E 保护装置将操作箱内的交流电压切换回路用于变压器高压侧。

二、PRC78E 变压器保护柜的部件

当运行方式发生变化时，保护装置运行状态可能也要作相应的调整。例如，保护装置的功能可能需要相应地投入或退出，保护跳闸出口方式、重合闸方式等也可能需要改变。投退或变更操作由变电站现场运行人员按当值调度员的要求进行，通过投退保护柜上的压板或切换保护柜上的转换开关来实现。因此，应熟悉各面微机继电保护柜上各个压板、按钮、转换开关、自动空气开关等部件的用途。

如图 1-3 所示，PRC78E 变压器保护柜部件主要有：位于保护柜下部的压板、安装在 RCS978E 保护装置和 CZX12R 操作箱旁边的按钮（1FA、1YA 和 4FA）、装设于打印机层一侧的切换开关（DYQK）和布置在保护柜背面上方的自动空气开关（1K、4K1、4K2、1ZKK1、1ZKK2 和 1ZKK3）。其中，各个压板、1FA、1YA、1K、1ZKK1、1ZKK2 和 1ZKK3 均为 RCS978E 保护装置的附属部件，4FA、4K1 和 4K2 为 CZX12R 操作箱的附属部件。

1. 压板

RCS978E 保护装置的保护柜上通常设置有近 40 个压板，除备用压板外，各个压板用途说明见表 1-4。

表 1-4　　　　　　　　　　　　　　**RCS978E 保护装置压板用途**

压板编号	压板名称	用 途 说 明	备 注
1LP1	投差动	投入变压器差动保护功能（包括比率差动保护、差动速断保护和工频变化量比率差动保护等）	
1LP2	投高压侧相间后备	投入变压器高压侧相间后备保护（即过电流保护）及过负荷保护功能	
1LP3	投高压侧接地零序	投入变压器高压侧接地后备保护——零序过电流保护功能	当变压器高压侧中性点接地刀闸合闸时，应投入本压板
1LP4	投高压侧不接地零序	投入变压器高压侧接地后备保护——间隙零序过电流、零序过电压保护功能	当变压器高压侧中性点接地刀闸断开，中性点经放电间隙接地运行时，应投入本压板
1LP5	退高压侧电压	若将本压板投入，则退出高压侧电压。 退出高压侧电压对保护带来的影响有： （1）高压侧复压闭锁元件不会满足动作条件，不会开放本侧及其他侧过电流保护；但高压侧过电流保护仍可由其他侧复压闭锁元件开放（过电流保护经其他复压闭锁元件闭锁投入的情况下）； （2）高压侧方向元件满足动作条件。 在高压侧后备保护定值内，将控制字"本侧电压退出"整定为"1"，也达到同样的结果。一般情况下，控制字"本侧电压退出"整定为"0"	一般情况下，本压板应断开。当高压侧电压互感器检修或旁路代路未切换电压互感器时，将本压板投入，以保证高压侧复压闭锁过电流保护正确动作

续表

压板编号	压板名称	用 途 说 明	备 注
1LP6	投中压侧相间后备	投入变压器中压侧相间后备保护（即过电流保护）及过负荷保护功能	
1LP7	投中压侧接地零序	投入变压器中压侧接地后备保护——零序过电流保护功能	当变压器中压侧中性点接地刀闸合闸时，应投入本压板
1LP8	投中压侧不接地零序	投入变压器中压侧接地后备保护——间隙零序过电流、零序过电压保护功能	当变压器中压侧中性点接地刀闸断开，中性点经放电间隙接地运行时，应投入本压板
1LP9	退中压侧电压	若将本压板投入，则退出中压侧电压。其他说明与上述"退高压侧电压"压板的说明类似	与退高压侧电压压板类似
1LP10	投低压侧后备保护	投入变压器低压侧后备保护及过负荷保护功能	
1LP11	退低压侧电压	若将本压板投入，则退出低压侧电压。其他说明与上述"退高压侧电压"压板的说明类似	与退高压侧电压压板类似
1LP12	启动风冷	当变压器高压侧或中压侧电流大于启动风冷电流定值时，保护装置将延时经本压板去启动变压器的冷却系统	
1LP13	闭锁有载调压	当变压器高压侧或中压侧负荷电流大于电流定值时，保护装置将延时经本压板去闭锁变压器的调压机构，使之不能再改变变压器的分接头进行调压	
1LP14	跳高压侧一	跳高压侧断路器。若跳高压侧断路器的保护动作且本压板投入，则经本压板去启动高压侧断路器的第一组跳闸回路	一般情况下，变压器保护柜A投入
1LP15	跳高压侧二	跳高压侧断路器。若跳高压侧断路器的保护动作且本压板投入，则经本压板去启动高压侧断路器的第二组跳闸回路	一般情况下，变压器保护柜A不投入，处于备用状态
1LP16	高压侧启动失灵	启动高压侧失灵保护	一般情况下，变压器保护柜A与高压侧失灵保护一配合
1LP19	解除失灵复压闭锁	解除高压侧失灵保护的复压闭锁功能	目的是解决变压器支路短路故障时，断路器失灵保护复合电压闭锁元件灵敏度不足的问题。一般情况下，变压器保护柜A与高压侧失灵保护一配合

续表

压板编号	压板名称	用途说明	备注
1LP20	跳高压侧母联一	跳高压侧母联断路器。若跳高压侧母联断路器的保护动作且本压板投入，则经本压板去启动高压侧母联断路器的第一组跳闸回路	一般情况下，变压器保护柜A投入
1LP21	跳高压侧母联二	跳高压侧母联断路器。若跳高压侧母联断路器的保护动作且本压板投入，则经本压板去启动高压侧母联断路器的第二组跳闸回路	一般情况下，变压器保护柜A不投入，处于备用状态
1LP22	跳中压侧	跳中压侧断路器。若跳中压侧断路器的保护动作且本压板投入，则经本压板去启动中压侧断路器的跳闸回路	
1LP24	跳中压侧母联	跳中压侧母联断路器。若跳中压侧母联断路器的保护动作且本压板投入，则经本压板去启动中压侧母联断路器的跳闸回路	
1LP25	跳低压侧	跳低压侧断路器。若跳低压侧断路器的保护动作且本压板投入，则经本压板去启动中压侧断路器的跳闸回路	
1LP26	跳低压侧分段	跳低压侧母线分段断路器。若跳低压侧母线分段断路器的保护动作且本压板投入，则经本压板去启动低压侧母线分段断路器的跳闸回路	
1LP27	闭锁低压侧备投	闭锁低压侧备用电源自动投入装置。若闭锁低压侧备用电源自动投入装置的保护动作且本压板投入，则经本压板去闭锁低压侧备用电源自动投入装置，使之不动作	与低压侧备用电源自动投入装置配合

2. 按钮、切换开关及空气开关

（1）按钮1FA为保护装置跳闸信号或TA异常告警信号复归按钮，主要用来复归信号。

（2）按钮1YA为打印按钮。RCS978E装置将打印出最近一次保护动作的动作报告。但对于RCS900系列线路保护装置，在液晶屏显示命令菜单的状态下，1YA按钮无效。

（3）按钮4FA为操作箱重合闸回路动作信号和第一、第二组跳闸回路动作信号的复归按钮。

（4）切换开关DKQY为打印切换开关，通过DKQY可以将不同装置接至打印机，实现多个装置共用一台打印机。由于本柜仅有一台保护装置，所以，根据接线情况，切换开关DKQY应固定在"打印1"的位置，保护装置才能正常打印，否则，进行打印操作时，保护装置会提示"打印机不存在"。

（5）自动空气开关1K的作用是给保护装置提供工作电源。

（6）自动空气开关4K1、4K2的作用是将两组直流操作电源接入操作继电器箱，其中4K1提供断路器的合闸电源和第一组跳闸回路电源，4K2提供断路器的第二组跳闸回路电源。

（7）自动空气开关1ZKK1、1ZKK2和1ZKK3的作用分别是将变压器高、中、低压三侧的电压互感器二次电压接入保护装置。

工作子任务四　保护装置运行状态的调整

[工作任务单]

保护装置运行状态调整及出口压板测量记录单（样单）
记录单（一）

保护柜：PRC41B 线路保护柜

保护装置型号：RCS941B

保护柜直流电源额定电压：　　　V

工作风险提示：触电、短路

1. 保护装置运行状态的调整

序号	保护装置运行要求	相应压板、空气开关或切换开关的操作调整
1		
2		
3		
⋮		

2. 出口压板上下开口端对地电位的测量记录表

序号	出口压板名称和符号	对地电压/V	
1		上开口端	
		下开口端	
2		上开口端	
		下开口端	

记录单（二）

保护柜：PRC78E 变压器保护柜

保护装置型号：RCS978E

保护柜直流电源额定电压：　　　V

1. 保护装置运行状态的调整

序号	保护装置运行要求	相应压板、空气开关或切换开关的操作调整
1		
2		
3		
4		
⋮		

续表

2. 出口压板上下开口端对地电位的测量记录表

序号	出口压板名称和符号	对地电压/V	
1		上开口端	
		下开口端	
2		上开口端	
		下开口端	
3		上开口端	
		下开口端	

出口压板上下开口端对地电位测量结果分析报告

测量结果分析：

结论：

复原现场：
　□已复原　　□未复原

教师评定：

学习反思：

要求：

（1）保护装置运行状态调整的具体要求由教师指定，请写出为满足这些要求，对有关压板、空气开关或切换开关所作的操作或调整。

（2）测量出口压板上下开口端对地电位时，断路器处于合闸状态，且直流系统正常运行，无接地故障。

（3）对于出口压板上下开口端对地电位测量结果，主要分析说明为什么是这样的测量结果、是否正常等。

（4）做好上讲台使用多媒体课件演示、讲解和回答同学及教师提问的准备。

（5）工作结束后必须复原现场，即将设备所有状态恢复原状。

［知识链接三］

一、调整保护装置运行状态的一些注意事项

（1）正常情况下，继电保护装置的投入、退出及保护方式的切换，应由值班运行人员利用开关、压板来完成，不得随意采用拆接二次线头和加临时线的方式进行。

（2）开、关保护柜门不得过于用力；严禁在运行中的保护柜及自动装置柜上进行任何振动性的工作。

（3）投、退保护压板时一定保证正确到位。

（4）不得将运行中变压器的差动保护和重瓦斯保护同时退出工作。

（5）继电保护装置定检结束、保护二次回路修改结束、新保护装置投入运行前等，应测量保护出口压板上下开口端的对地电位。

（6）纵联保护（如高频闭锁方向保护、高频闭锁距离保护、高频闭锁零序保护等）的任一侧需要停用或停直流电源时（例如为了寻找直流系统接地点等），必须先报调度，请求两侧都停用。

（7）停用整套保护装置时，应先将保护柜上该保护装置的所有压板退出，然后断开保护柜背面上方该保护装置的自动空气开关，包括直流电源开关和交流电压开关。投入保护装置时，顺序与此相反。

（8）保护装置某个保护功能的停用是指将该保护功能的功能软压板、运行方式控制字置为"0"或退出保护柜上的功能硬压板以及其出口压板（该保护功能单独设有自身出口压板的情况）。

（9）"停用重合闸"软压板和屏上硬压板为"或"的关系，"停用重合闸"置"1"时，任何故障三跳并闭锁重合闸，一般应置"0"。不管"停用重合闸"置"1"还是置"0"，外部闭锁重合闸的"沟通三跳"输入总是有效的。

（10）需停用保护的直流电源时，比如查找直流系统接地，应先将保护的总出口跳闸压板断开，然后停用保护的直流电源。恢复时，应先合上保护的直流电源，装置无异常时，再投入保护的总出口压板。

（11）在下列情况下应停用整套微机继电保护装置：

1）微机继电保护装置使用的交流电压、交流电流、开关量输入、开关量输出回路的作业。

2）装置内部作业。

3）继电保护人员输入定值。

二、RCS941 保护装置的操作回路

图 1-26 所示为 110kV 线路的 RCS941 型微机保护装置中操作回路插件（SWI）的原理接线图。

（一）合闸回路的工作原理

1. 断路器跳位监视回路

由于断路器处于跳闸位置，其辅助常闭接点闭合，形成了以下电气通路：保护柜端子

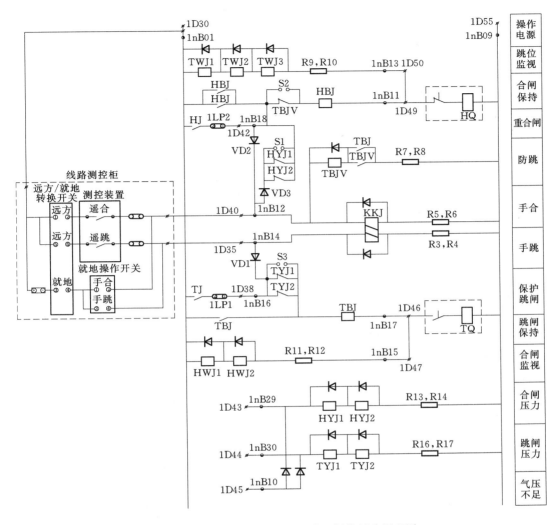

图 1-26　RCS941 型微机保护装置操作回路原理图

排上的端子 1D30（+KM）→保护装置端子 1nB01→跳闸位置继电器 TWJ1～TWJ3→电阻 R9 和 R10→保护装置端子 1nB13→保护柜端子排上的端子 1D50、1D49→断路器辅助常闭接点→断路器合闸线圈→保护装置端子 1nB09→保护柜端子排上的端子 1D55（-KM）。因此，跳闸位置继电器 TWJ1～TWJ3 的线圈励磁，TWJ1～TWJ3 动作（即 TWJ=1）。由于上述电气通路的电阻很大，使得流经断路器合闸线圈的电流很小，不足以使合闸线圈动作而合闸。

2. 手动合闸回路

就地合闸：在线路测控屏上，将远方/就地转换开关切到"就地"位置，转换开关触点③—④导通，而触点①—②和⑤—⑥断开。再把就地操作开关顺时针转到"合闸"位置时，就地操作开关的①—②触点接通，正电源被送到保护柜的端子 1D40 及保护装置的端子 1nB12，因此，断路器合闸线圈就会有电流流过，断路器即合闸。合闸电流流经的路径为端子 1D30（＋KM）→电编码锁→远方/就地转换开关③—④触点→就地操作开关①—②触点→保护柜端子排上的端子 1D40→保护装置端子 1nB12→二极管 VD3→合闸压力继电器 HYJ1 与 HYJ2 的常闭接点和 S1（短接时）→防跳继电器 TBJV 的常闭接点或 S2（短接时）→合闸保持继电器线圈 HBJ→保护装置端子 1nB11→保护柜端子排上的端子 1D49→断路器辅助常闭接点→断路器合闸线圈 HC→保护装置端子 1nB09→保护柜端子排上的端子 1D55（－KM）。同时，合后位置继电器 KKJ 的第一组线圈（动作线圈）励磁，KKJ 动作（即 KKJ＝1）且自保持。

远方合闸：进行远方遥控操作，需要将远方/就地转换开关切到"远方"位置，此时，其触点①—②和⑤—⑥导通，而触点③—④断开。线路的测控装置接到合闸指令后，其"遥合"触点接通，正电源也被送到保护柜的端子 1D40 及保护装置的端子 1nB12，从而完成合闸操作。合闸电流的路径与上述就地合闸相似。同时，远方合闸操作也会使合后位置继电器 KKJ 动作。

3. 自动重合闸回路

当保护装置重合闸动作时，其合闸接点 HJ 闭合，于是，合闸电流路径为端子 1D30（＋KM）→保护装置的 1nB01→闭合的接点 HJ→重合闸出口压板 1LP2→保护柜端子排上的端子 1D42→保护装置端子 1nB18→防跳继电器 TBJV 的常闭接点与 S2（短接时）→合闸保持继电器线圈 HBJ→保护装置端子 1nB11→保护柜端子排上的端子 1D49→断路器辅助常闭接点→断路器合闸线圈 HC→保护装置端子 1nB09→保护柜端子排上的端子 1D55（－KM），所以，断路器重新合闸。

4. 合闸保持回路

上述合闸过程中，无论手动合闸还是自动重合闸，合闸电流都会流过合闸保持继电器 HBJ 的线圈，于是，HBJ 动作并由其两对并联常开接点实现自保持。此时，合闸电流可从 HBJ 两对并联常开接点流向断路器合闸线圈，直到断路器主触头闭合上，断路器辅助常闭接点断开后，合闸电流才被切断，从而保证断路器可靠地合闸，同时对就地操作开关、测控装置和保护装置的接点也起到保护作用，防止由这些接点直接切断合闸电流而损坏。

5. 防跳回路

当手动合闸或自动重合闸到故障线路上而且合闸脉冲因故（如合闸接点粘连）仍未解除时，在保护跳开断路器后，断路器辅助常闭接点闭合，合闸回路又被接通，断路器立即又合闸，故障电流再次出现，保护会再次动作跳闸，如此反复，可能会进入断路器不停地跳、合闸循环即断路器"跳跃"现象，导致断路器损坏甚至发生爆炸，并危及电力系统运行的安全稳定。为防止断路器"跳跃"现象的出现，操作回路内设置了防跳回路。如图 1-26所示，当手合或重合到故障上保护动作跳闸时，跳闸回路中的跳闸保持继电器 TBJ 动作，其常开接点闭合。在合闸脉冲未解除的情况下，闭合的 TBJ 常开接点会使防跳继电器 TBJV 动作，而且 TBJV 动作后会通过其自身常开接点自保持，因此，串接入合闸回路的 TBJV 常闭接点断开，切断了合闸回路，从而避免断路器多次跳、合闸。

通常情况下，断路器操作机构本身自带防跳回路。为了防止出现"寄生"回路，只能保留一套防跳回路。若要取消保护的防跳回路，而使用断路器本身自带的防跳回路，应将

S2 短接。

（二）跳闸回路的工作原理

1. 断路器合位监视回路

当断路器处于合闸状态时，其辅助常开接点闭合，使得以下电气通路的形成：保护柜端子排上的端子 1D30（＋KM）→保护装置端子 1nB01→合闸位置继电器 HWJ1、HWJ2→电阻 R11 和 R12→保护装置端子 1nB15→保护柜端子排上的端子 1D47、1D46→断路器辅助常开接点→断路器跳闸线圈→保护装置端子 1nB09→保护柜端子排上的端子 1D55（－KM）。因此，合闸位置继电器 HWJ1、HWJ2 的线圈励磁，HWJ1、HWJ2 动作（即 HWJ＝1）。与跳位监视回路相同，上述电气通路的电阻也很大，使得流经断路器跳闸线圈的电流也很小，不足以使跳闸线圈动作而跳闸。

2. 手动跳闸回路

就地跳闸：也必须先将线路测控屏的远方/就地转换开关切至"就地"位置，使转换开关触点③—④导通，而触点①—②和⑤—⑥断开。再把就地操作开关逆时针转到"跳闸"位置时，就地操作开关的③—④触点接通，正电源被送到保护柜端子排上的端子 1D35 及保护装置的端子 1nB14，此时，由于断路器处于合闸状态，其辅助常开接点闭合，因此，断路器跳闸线圈就会有电流流过，断路器即跳闸。跳闸电流的路径为端子 1D30（＋KM）→电编码锁→远方/就地转换开关③—④触点→就地操作开关①—②触点→保护柜端子排上的端子 1D35→保护装置端子 1nB14→二极管 VD1→跳闸压力继电器 TYJ1 与 TYJ2 的常闭接点和 S3（短接时）→跳闸保持继电器线圈 TBJ→保护装置端子 1nB17→保护柜端子排上的端子 1D46→断路器辅助常开接点→断路器跳闸线圈 TQ→保护装置端子 1nB09→保护柜端子排上的端子 1D55（－KM）。同时，合后位置继电器 KKJ 的第二组线圈（复归线圈）励磁，KKJ 返回（即 KKJ＝0）。

远方跳闸：远方/就地转换开关处于"远方"位置，其触点①—②和⑤—⑥导通，而触点③—④断开。线路的测控装置接到跳闸指令后，其"遥跳"触点接通，正电源也被送到保护柜端子排上的端子 1D35 及保护装置的端子 1nB14，其后，跳闸电流的路径与上述就地跳闸相同，从而完成远方跳闸操作。远方跳闸操作也会使合后位置继电器 KKJ 返回。

3. 保护自动跳闸回路

当线路发生故障时，保护装置将动作，其跳闸出口继电器 TJ 常开接点闭合，使断路器跳闸。形成的跳闸电流路径为端子 1D30（＋KM）→保护装置端子 1nB01→保护跳闸出口压板 1LP1→保护柜端子排上的端子 1D38→保护装置端子 1nB16→跳闸压力继电器 TYJ1 与 TYJ2 的常闭接点和 S3（短接时）→跳闸保持继电器线圈 TBJ→保护装置端子 1nB17→保护柜端子排上的端子 1D46→断路器辅助常开接点→断路器跳闸线圈 TQ→保护装置端子 1nB09→保护柜端子排上的端子 1D55（－KM）。与手动跳闸不同，由于二极管 VD1 反向截止，所以，保护跳闸时不会使合后位置继电器 KKJ 返回。

4. 跳闸保持回路

上述跳闸过程中，无论手动跳闸还是保护装置自动跳闸，跳闸电流都会流过跳闸保持继电器 TBJ 的线圈，于是，TBJ 动作并由其常开接点实现自保持。此时，跳闸电流可从 TBJ 的常开接点流向断路器跳闸线圈，直到断路器主触头断开，断路器辅助常开接点断开后，跳闸电流才被切断，从而保证断路器可靠地跳闸，同时对就地操作开关、测控装置和保护装置的接点也起到保护作用，防止这些接点直接切断跳闸电流而损坏。

　　注意：手动就地操作时，应按操作票规定的步骤进行，并需将电脑钥匙插入测控柜上的电编码锁，若允许操作，电编码锁才会解除闭锁，才能进行相应的操作。

［技能拓展］　防跳回路的试验

防跳回路试验方案（样单）

保护柜：110kV 线路保护柜
保护装置型号：RCS941B 或 SAL35（带 SAM32 测控装置）
工作风险提示：触电、短路、设备损坏
试验方案概述：
试验操作的具体步骤：
注意事项：
复原现场： □已复原　　　□未复原
教师评定：
学习反思：

　　要求：

　　（1）自行设计试验方案及对应的具体操作步骤，经教师检查无安全问题后，进行试验。

　　（2）对试验过程出现的问题应自行解决，自行修改试验方案和操作步骤，直至试验成功。

　　（3）"试验方案概述"一栏应说明试验的原理、思路及对试验结果的判断。

　　（4）工作结束后必须复原现场，即将设备所有状态恢复原状。

工作子任务五　保护装置液晶屏显示信息的查看与判断

[工作任务单]

保护装置液晶屏显示信息记录单（样单）

保护柜：

保护装置型号：

工作风险提示：触电

保护柜各信号灯指示情况：

保护装置各个压板、开关的投退情况：

装置液晶显示信息及说明：

判断结果：

教师评定：

学习反思：

要求：

（1）由教师指定保护柜，并预设保护装置液晶屏显示信息。

（2）可以对液晶屏显示信息进行拍照记录。

（3）做好上讲台使用多媒体课件演示、讲解和回答同学及教师提问的准备。

[知识链接四]

一、PRC78E 变压器保护柜的信号灯

为了反映保护装置的工作状态，装置需要设置若干个信号灯，现场工作人员应熟知这些信号灯含义，以便能及时作出判断或处理。如图 1 - 3 所示，RCS978E 保护装置和 CZX12R 操作箱上均设有信号灯。

（一）RCS978E 保护装置的信号灯

RCS978E 保护装置面板上设有"运行""报警"和"跳闸"3 只信号灯。

（1）"运行"灯为绿灯，保护装置正常运行时点亮，熄灭表明装置不处于工作状态。

（2）"报警"灯为黄灯，装置有报警信号时点亮。

（3）"跳闸"灯为红色，当保护装置动作并出口时点亮。

如果"报警"灯是由于电流互感器断线导致装置发出异常报警信号而点亮的，则必须等到电流互感器断线故障排除后，人工按复归按钮 1FA 或人工远方复位装置后才会熄灭，而由于其他异常情况引起的点亮时，只需待异常情况消失或被排除后就会延时自动熄灭。

"跳闸"信号灯点亮后，只有在人工按下 1FA 按钮或人工远方信号复归装置后才会熄灭。

可见，正常运行时 RCS978E 保护装置面板上的 3 只信号灯中，应只有"运行"点亮，而其他灯均应处于熄灭状态。

（二）CZX12R 操作箱的信号灯

CZX12R 操作箱面板上信号灯的布置示意如图 1-27 所示。

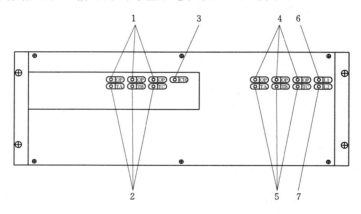

图 1-27　CZX12R 操作箱面板信号灯示意图

1. OP 灯

图 1-27 中，两组 OP 灯均为绿灯，是断路器跳闸回路的监视信号灯。其中 1 分别为 A、B、C 三相断路器第一组跳闸回路的监视信号灯，4 分别为 A、B、C 三相断路器第二组跳闸回路的监视信号灯。

当断路器处于合闸位置、正常运行时，这 6 只 OP 灯均应点亮。

当断路器处于合闸位置，但 1 或 4 的 3 只 OP 灯均熄灭，通常表明第一或第二组直流操作电源消失。

当断路器处于合闸位置，但某 1 只 OP 灯熄灭，则表明相应组、对应相的断路器跳闸回路发生断线故障。

当断路器处于分闸位置时，这 6 只 OP 灯均应熄灭。

2. TA、TB、TC 灯

图 1-27 中，2 和 5 两组 TA、TB、TC 灯均为红灯，用作断路器跳闸的信号灯。其

中 2 分别为断路器第一组跳闸回路 A、B、C 三相跳闸信号灯，5 分别为断路器第二组跳闸回路 A、B、C 三相跳闸信号灯；当某一组的任一相跳闸回路接通跳开断路器时，对应的跳闸信号灯将点亮。

显然，正常运行、保护装置无动作跳闸时，2 和 5 两组 TA、TB、TC 灯均应熄灭。

由于点亮跳闸信号灯的接点为磁保持接点，因此，要使点亮后的跳闸信号灯熄灭，需按下操作箱旁边的复归按钮 4FA。

3. CH 灯

CH 灯为绿灯，用作操作箱重合闸回路动作的信号灯。当保护装置重合闸动作，将给操作箱的重合闸回路通电使之动作时，CH 灯点亮。与跳闸信号灯相同，正常运行、保护装置无重合闸发出时，CH 灯应熄灭；点亮 CH 灯的接点也是磁保持接点，因此，要使点亮后的 CH 灯熄灭，也需按下操作箱旁边的复归按钮 4FA。

4. L1 和 L2 灯

L1 和 L2 灯为绿灯。实际上是变压器高压侧母线隔离开关位置信号灯，当 L1 灯点亮时，表明变压器高压侧Ⅰ母隔离开关处于闭合状态即高压侧接至Ⅰ母。由于本柜内的 RCS978E 保护装置使用了操作箱的交流电压切换回路，所以，正常情况下，L1 灯点亮，也表明保护装置的交流电压取自Ⅰ母电压互感器二次侧。同理，当 L2 灯点亮时，所反映的情况与上述相似。

二、RCS978E 保护装置液晶屏显示说明

（一）正常运行时液晶屏显示说明

在正常运行状态下，RCS978E 保护装置的液晶屏显示变压器主接线图和装置采样得到的一些数据，显示的内容及其说明如图 1-28 所示。

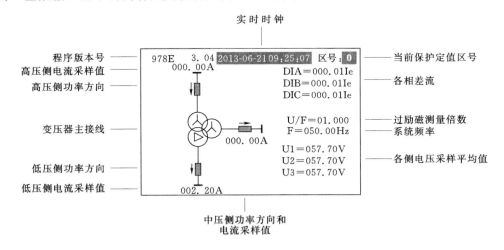

图 1-28　正常运行时 RCS978E 装置液晶屏显示及其说明

图 1-28 中，实时时钟的格式是：年-月-日 时：分：秒；当前保护定值区号的显示方式为间歇性的，每隔 12s 左右显示一次，每次持续显示约 10s；各侧电流采样值均为二次值；U1、U2 和 U3 分别表示变压器高、中、低压三侧的二次电压采样平均值。

（二）保护动作时液晶屏显示格式及其说明

当保护装置动作时，液晶屏会自动显示最新一次保护动作报告，显示的格式及其说明如图 1 - 29 所示。

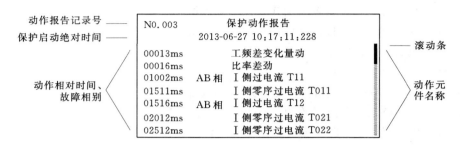

图 1 - 29 保护动作时液晶屏显示格式及其说明

保护启动绝对时间的格式是：年 - 月 - 日 时：分：秒：毫秒。有的动作元件还标明故障相别，如图中的"Ⅰ侧过电流 T11"（高压侧过电流保护第一段第一时限）和"Ⅰ侧过电流 T12"（高压侧过电流保护第一段第二时限）两行前面，即标明故障相为 A、B 两相。当保护装置的各保护功能中，动作的元件大于 7 个，无法一次显示全部报告内容时，液晶屏右侧会显示出一滚动条，滚动条黑色部分的高度大致指示动作元件的总个数，其位置则表明当前显示行在总行中的位置；动作元件和右侧的滚动条将以每次 1 行速度向上滚动，当滚动到最后 3 行的时候，则重新从最早的动作元件开始滚动。

（三）异常状态时液晶屏显示及其说明

当保护装置自检发现硬件出错或系统运行异常时，液晶屏也会自动显示最新一次异常记录报告，显示的格式及其说明如图 1 - 30 所示。

图 1 - 30 异常状态时液晶屏显示及其说明

图 1 - 31 保护动作报告和异常记录报告
同时存在时的液晶屏显示

（四）保护动作报告和异常记录报告同时存在时的液晶屏显示

如果保护装置同时有保护动作报告和异常记录报告，则液晶屏的显示将会自动分成上下两部分，上半部分显示保护动作报告，下半部分显示异常记录报告，显示格式如图 1 - 31 所示。当动作元件大于 3 个或异常记录内容大于 3 行时，液晶屏右侧也会显示出一滚动条。其他内容的有关说明与上述相同。

（五）投退保护功能硬压板时液晶屏显示及其说明

当对保护柜上的保护功能硬压板进行投入或退出操作时，装置液晶将会自动显示最新一次开入变位报告，显示的格式及其说明如图 1-32 所示，液晶屏在显示开入变位报告大约 5s 后自动返回原显示状态。

图 1-32　投退保护功能硬压板时液晶屏显示及其说明

在保护装置液晶屏显示的变位情况一行中，"0"表示相应的压板为退出状态，"1"表示投入状态。如图 1-32 所示，表明装置检测到保护柜上的保护功能硬压板"投差动保护"从退出状态变位成投入状态。

通过按住保护柜上的复归按钮 1FA 持续 1s 后放开，可以使液晶屏切换显示保护动作报告、异常记录报告和变压器主接线图。

以上装置液晶屏自动显示的都是最新一次的报告，而 RCS978E 保护装置能自动记录保护动作报告、异常记录报告和开入变位报告各 32 次，且具备掉电保持的能力。如果要查看以往的保护动作报告、异常记录报告和开入变位报告，可通过命令菜单中的"显示报告"条目来实现，如图 1-20 所示。具体操作方法是：进入主命令菜单，用"▲""▼"键滚动选择要查看的报告，并按"确定"键进入，液晶屏将显示最新的一条报告，此时，按"－"键，液晶屏将显示前一个报告，而按"＋"键，显示后一个报告。若一条报告一屏显示不下，可通过按"▲""▼"两键来进行上下滚动。按"取消"键退出至上一级菜单。

自 测 思 考 题

1. 简述 RCS900 系列保护装置键盘上各个按键的用途。

2. 简述 PRC941B 保护柜上各个压板、信号灯的用途或含义。

3. 调整保护装置运行状态时一般应注意哪些事项？

4. 简述保护装置防跳回路的工作原理，并简要说明其检验方法和步骤。

5. 试对 RCS941B 线路保护装置在各种运行状况下其液晶屏显示信息的含义进行说明。

项目二　微机保护装置的检验与测试

项 目 概 述

一、项目导言

继电保护装置是确保电力系统安全、可靠运行的主要手段，其误动、拒动都会给电力系统的安全、稳定运行带来巨大的危害，因此，必须按规定对继电保护装置进行检验测试。

继电保护装置的检验测试分为新安装装置的验收检验、运行中装置的定期检验（定期检验分为全部检验、部分检验和用装置进行跳合闸试验）和补充检验3种。

对于新安装的继电保护装置，在投入运行后一年内应进行一次全部检验，以后每2~3年需进行一次部分检验，每6年要进行一次全部检验。

二、项目总体目标

（1）能使用微机型继电保护装置的命令菜单完成保护装置的交流采样、开入量状态、软件版本、保护定值等数据信息的查看、修改或打印。

（2）能完成输电线路、电力主设备微机型继电保护装置的检验和测试，并能根据检验测试的结果对保护装置进行评价，填写保护装置的检验报告。

（3）掌握微机型继电保护装置的检验项目与标准、测试内容及要求。

（4）进一步掌握在工程实际应用中输电线路、电力主设备微机型继电保护装置功能的一般配置。

（5）进一步理解线路、变压器等电气设备常用保护的基本原理和作用。

（6）基本理解微机型继电保护装置各项定值的意义及作用。

（7）养成严谨细致的工作作风；树立科学合理试验的工作原则；培养安全文明、行为规范、按章办事的职业意识；提高自主学习能力、分析和解决问题的能力。

三、主要工作任务

（1）完成微机型继电保护装置的软件版本核查、交流电流电压回路零漂检查及采样精度检测和开入开出量检查等检验工作。

（2）完成220kV、110kV微机型线路保护装置各保护功能的测试工作。

（3）完成220kV微机型变压器电量保护装置各保护功能的测试工作。

（4）填写保护装置的检验测试报告，根据检验测试的结果对保护装置技术参数指标、性能状况等进行评价。

工作任务一　微机保护柜的通用项目检验

任 务 概 述

一、工作任务表

序号	任务内容	任 务 要 求	任务主要成果（可展示）
1	微机型继电保护柜的外观检查	按照检验标准的要求，逐项对微机型继电保护柜做外观检查、记录、填写检查表	继电保护柜外观检查表
2	装置软件版本核查	通过保护装置面板上键盘和液晶屏，使用命令菜单查看、记录装置软件的版本	记录单
3	装置交流回路零漂检查和采样精度检测	（1）完成微机型继电保护装置交流回路零漂检查； （2）利用继电保护测试仪完成微机型继电保护装置交流回路采样精度的检测	记录单及检验判断结果
4	开入开出量检查	（1）对保护柜上装置各个开关输入量逐一进行检查并做记录，要求带实际二次回路检查，不得采用直接短接接点的方法检查开入量； （2）对开关输出量的检查可与功能测试一同进行	记录单及检查判断结果

二、设备仪器

序号	设备或仪器名称及型号	备 注
1	PRC41B 线路保护柜（110kV）	南京南瑞继保电气有限公司
2	PRC78E 变压器保护柜（220kV）	南京南瑞继保电气有限公司
3	PRC02B 线路保护柜（220kV）	南京南瑞继保电气有限公司
4	PW31E、PW41E 继电保护测试仪	北京博电新力电气股份有限公司
5	十字螺丝刀、测试线	继电保护实训室提供
6	AD661、AD431 继电保护测试仪	广州昂立电气自动化有限公司

三、项目活动（步骤）

顺序	主 要 活 动 内 容	时间安排
1	查阅继电保护的检验标准，初步掌握微机型继电保护装置的检验项目与标准、测试内容及要求	主要在课外完成
2	按照检验标准的要求，逐项对 PRC41B、PRC02B 和 PRC78E 等微机型继电保护柜做外观检查、记录、填写检查表	课内完成
3	通过微机型继电保护装置的调试通信专用接口，将装置与 PC 机连接，了解、练习 DBG2000 等保护调试软件的使用方法	课内完成

续表

顺序	主 要 活 动 内 容	时间安排
4	核查并记录装置软件版本号；完成微机型继电保护装置交流电流、交流电压回路零漂检查，填写记录单并做出检验结果（合格与否）	课内完成
5	学习微机继电保护测试仪的使用方法	主要在课内完成
6	将继电保护测试仪电流、电压输出端通过保护柜端子排与装置电流、电压输入端子相连	主要在课内完成
7	按照检验标准的电流、电压输入要求，利用继电保护测试仪完成微机型继电保护装置交流回路采样精度的检测，填写记录单并做出检验结果（合格与否）	课内完成
8	完成开入量的检查	课内完成

[工作任务单]

通用项目检测单（样单）

保护柜名称：

保护装置型号：

工作风险提示：触电、设备损坏

外观检查检查表（部分）：

序号	检 查 项 目	检查结果
1	保护柜的装置配置数量、型号及安装位置应符合图纸要求	
2	保护柜各个装置及附件的铭牌、编号、名称或用途说明，字迹清晰、工整，无脱色	
3	装置表面无影响质量和外观的伤痕、锈蚀、变形等缺陷	
4	装置键盘完整，操作灵活，液晶屏显示清楚，各信号灯能正常工作	
5	各端子排接线良好可靠，标号清楚正确	
6	各按钮、转换开关等附件安装稳固，操作灵活	
⋮		

装置软件版本核查：

装置软件版本号：

零漂检查：

交流电流通道	"零漂"值	交流电压通道	"零漂"值	备注
I_A		U_A		
I_B		U_B		
I_C		U_C		
$3I_0$		U_X 或 $3U_0$		
⋮				

检查结果：

交流回路采样精度的检测（部分）：

电压回路

输入值 /V	采样值						备注
	U_A	U_B	U_C	相位 $U_A - U_B$	相位 $U_A - U_C$	$3U_0$	
60						—	
20						—	
5						—	
30	—	—	—	—	—		*
100	—	—	—	—	—		*
180	—	—	—	—	—		*

检查结果：

电流回路

输入值 /A	采样值						备注
	I_A	I_B	I_C	相位 $I_A - I_B$	相位 $I_A - I_C$	$3I_0$	
I_n							
$2I_n$							

检查结果：

开入量的检查（功能压板部分）：

序号	压板名称	压板编号	检查结果	备注
1				
2				
3				
4				
5				
⋮				

复原现场：
　　□已复原　　　□未复原

教师评定：

学习反思：

要求：

（1）电流、电压的"零漂"值和采样值可使用保护调试软件 DBG2000 来查看。

（2）对于变压器保护装置，可只选择检查其中某一侧的"零漂"值和交流回路采样精度。

（3）零漂检查表中，U_X 为线路侧电压，$3U_0$ 为变压器开口三角电压。

（4）交流回路采样精度检测的电压回路表中，"备注"一栏打"＊"者，仅用于变压器高压侧或中压侧开口三角电压的检测。

（5）交流回路采样精度检测的电流回路表中，I_n 为电流互感器二次侧额定电流（5A 或 1A），检测前请注意核对保护装置 I_n 的数值。

（6）检测结果为合格的，在"检查结果"一栏打"√"，否则打"×"。

（7）工作结束后必须复原现场，即将设备各部件、接线等完全恢复原状。

[知识链接]

一、保护柜的外观检查

保护柜外观检查的项目及要求，通常由相关企业的检验手册或标准作出具体规定，检查时只需根据规定逐项逐条进行即可。主要项目可分为两大类：一类是标识方面的检查，主要是对保护柜上各个装置及附件铭牌、编号、名称或用途等文字标志进行检查；另一类是感观检查，检查项目主要包括保护柜上各个装置及附件的数量、安装位置、防腐、接线紧固性和操作灵活性等。

二、零漂检查

零漂是零点漂移的简称，根据电子技术课程的有关知识，零漂是指当电子电路输入信号为零时，由于受温度变化、电源电压不稳等因素的影响，使静态工作点发生变化，并被逐级传输和放大，导致电路输出端电压偏离原固定值而上下漂动的现象。对于微机型继电保护装置的数据采集系统，其主要组成部分也是由许多电子器件连接构成的电子电路，因此，也存在零漂现象。

零漂是判断微机型继电保护装置数据采集系统工作性能的指标之一，要求在装置数据采集系统的交流电流电压输入量为零时，其输出即采样值不能超过允许值：通常要求电流零漂值应不大于 $0.01I_n$，电压零漂值应不大于 $0.01U_n$ 即 0.5V。

零漂检查前，应先将保护装置的交流电压回路短接，交流电流回路断开。进行零漂检查时，要求至少观察 1min，零漂值应稳定在规定的范围内才为合格。

三、保护调试软件

为了方便用户对装置进行测试，微机型继电保护装置的生产厂家通常提供保护调试软件，利用该软件用户可以在 PC 上完成装置参数、系统参数、保护定值、状态量等所有数据信息，包括一些在装置命令菜单中无显示的隐含控制字的查看、修改操作，有效地提高工作效率。国内继电保护装置生产厂家南京南瑞继保电气有限公司提供的保护调试软件 DBG2000 启动后显现的默认界面，如图 2-1 所示。

例1：可从"执行"菜单上选"整定"一项来查看或修改装置参数、系统参数、保护定值或控制字等信息和数据，图 2-2 所示为 RCS978E 变压器保护装置主保护整定值。

例2：可从"查看"菜单上选"状态"一项来查看保护装置当前采样得到的电压、电流参数，装置开入状态等信息和数据，图 2-3 所示为变压器Ⅰ侧即高压侧电压、电流大

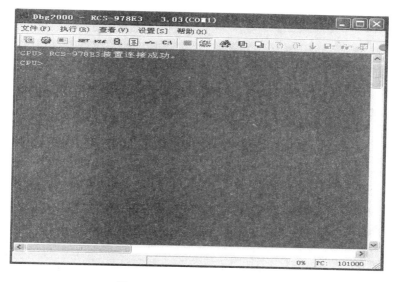

图 2-1　DBG2000 启动后界面

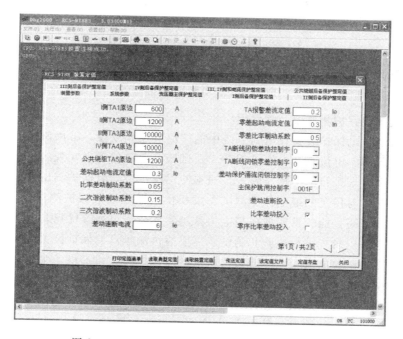

图 2-2　RCS978E 变压器保护装置主保护整定值

小的当前采样值。

使用 DBG2000 软件前，需用 RS-232 串口数据线将装置前面板上调试专用通信接口与 PC 的 COM 口连接，同时，将版本与装置型号对应的 DBG2000 软件复制到 PC 硬盘内，双击"Dbg2000_user"文件或其对应的快捷方式以启动调试软件。

启动调试软件后，PC 屏幕应显示出一行"CPU＞RCS-XXX 装置连接成功"之类的

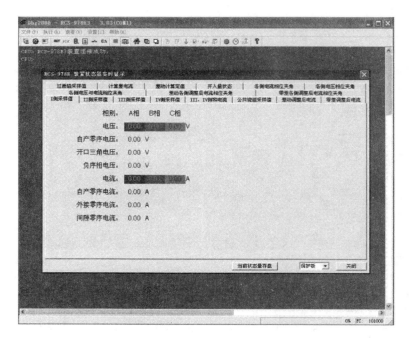

图 2-3 变压器 I 侧电压、电流大小的当前采样值

文字，即说明 PC 已经与保护装置连接成功，可以对装置进行操作。否则，说明 PC 与保护装置连接不上，应对数据线、PC 端口号和调试波特率的设置等进行检查。

四、微机继电保护测试仪及其使用

随着微机型继电保护装置在电力系统中的广泛应用和发展，采用调压器、移相器、相位表、滑线变阻器、电流表、电压表等分立式试验设备和仪表来实现的传统继电保护测试手段已不能满足要求。目前工程实际中，通常使用微机型继电保护测试仪来完成继电保护装置的测试工作。与传统的继电保护测试手段相比，微机继电保护测试仪具有携带方便、试验准确性和效率高、能较真实地模拟电力系统实际故障过程等优点。

为了对继电保护装置进行检验和测试，需要通过端子排给保护装置加入试验电流和电压。目前，所需的试验电流和电压通常由微机继电保护测试仪提供，为保证检测和测试的准确性，要求微机继电保护测试仪输出电流、电压的精度不得低于 0.5 级。

常见的微机继电保护测试仪能提供三路或六路电流输出，这些电流可看成测试仪内置三路或六路"电流源"的输出，其中 I_n 为这些"电流源"的公共中性点；提供四路或六路电压输出，电压输出也可看成测试仪内置"电压源"的输出，U_n 为这些"电压源"的公共中性点。测试仪的电流输出最大能力可达到 30A/路及以上，电压输出最大能力可达到 120V/路。在进行试验过程中，当测试仪供给保护装置的电流和/或电压满足动作条件时，保护装置将动作，为了提高工作效率，通常需要将保护的动作信号反馈给测试仪，形成闭环系统，因此，测试仪通常提供 8 对或更多开关量输入端子，试验时将保护装置的动作接点接入，以接收保护的动作信号。需要注意的是，在测试线路保护装置的重合闸功能时，通常要求必须将重合闸动作信号接至特定的测试仪开入接点，如 D 或 R 接点。这些开入端子一般既可检测空接点，又可检测 30～250V 的有源接点且不分极性。测试仪通常还提供 4 对开关输出端子，可为保护及自动装置提供模拟断路器信号，在某些试验（如高频保护、备自投等）时常会用到，还可以在试验过程中根据需要启动其他装置（如故障录波器等）。具体的技术参数可参见测试仪技术说明书或用户手册。

　　微机继电保护测试仪与继电保护装置之间的一种试验接线示意如图 2-4 所示。实际进行某一项测试工作时，应根据测试项目、测试方式以及被测试保护的具体情况和要求，采用适当的接线方式，设计正确的测试方案，合理地设置有关参数，才能保证测试工作正确完成。

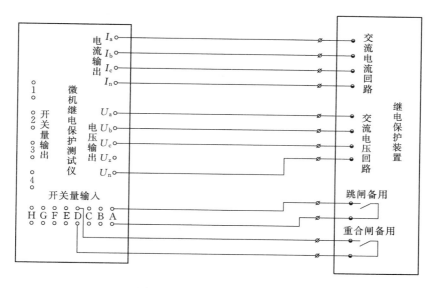

图 2-4　一种试验接线示意图

　　PW 系列继电保护测试仪的测试模块选择窗口如图 2-5 所示。安装好 PW 系列测试仪软件后，双击桌面快捷方式"PowerAdvance 网口"即可启动测试仪软件并显示测试模块选择窗口，随后可以根据具体需要选择相应的测试模块来完成测试任务。

　　PW 系列继电保护测试仪各主要测试模块的作用以及一些测试术语含义可参考本书附录。

五、交流回路采样精度的检测

　　进行交流回路采样精度检测的目的也是判断微机型继电保护装置数据采集系统的工作性能。数据采集系统的任一组成部件出现异常时都会导致采样精度下降，误差增大。以电流、电压变换器为例，变换器的构造及工作原理与变压器相似，也是主要由绕组和铁芯构成，按电磁感应原理来工作。当变换器绕组出现开路、匝间短路，铁芯发生短路、饱和或内部气隙增大等不正常情况时，变换器就无法准确地、按比例地变换输入装置的电流、电压量，就会造成后继采样得到的电流电压值与实际输入值不相等，产生误差。因此，可以说，对保护装置交流回路采样精度的检测是一项简单但非常重要的工作。

　　保护装置交流回路采样精度的检测实际上是通过给保护装置加入一定数值的电流、电

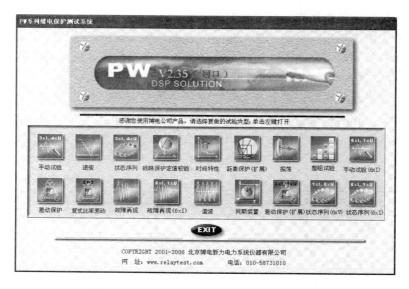

图 2-5　PW 系列测试仪测试模块选择窗口

压，再查看装置采样得到的电流、电压数值，并与实际加入的数值对比，计算出装置的误差大小是否超过允许值来完成的。检验手册或标准通常会给出进行交流回路采样精度检测时应加入保护装置的电流和电压数值。通常要求，保护装置采样得到的电流、电压数值与加入装置的数值相差应不大于±5%，相位误差应不超过 3°。检测交流回路采样精度一般利用"手动试验"模块来进行。如图 2-6 所示，拟给保护装置加入三相对称的电流和电压，电流大小为 5A，电压大小为 20V，电流相位滞后电压 30°。

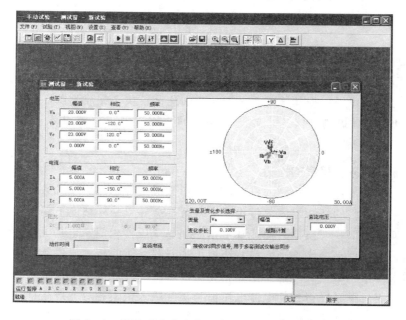

图 2-6　利用"手动试验"检测交流回路采样精度

在进行交流回路采样精度检测时，加入装置的电流、电压可能会使保护启动、动作，进而可能导致装置退出运行，其"运行"灯熄灭，但不会影响装置采样电流、电压，可以继续进行检测工作。为避免上述情况的出现，最好的方法是在检测装置交流回路采样精度前，预先将保护装置所有的压板全部退出。

检测交流回路采样精度的试验接线也较为简单，只需将继电保护测试仪的电流、电压输出端用测试线与保护柜端子排上对应的端子连接即可，测试开入开出量均不用接线。

六、开入量检查

开入量检查就是检查微机型继电保护装置的开关量输入回路（包括光耦电源）及其相应的二次回路是否出现异常状况。主要内容是对屏柜上各个保护功能压板、按钮等开入量进行检查。当投入、退出功能压板时，装置液晶屏应显示相应的变位报告，或在命令菜单下的"开入量状态"中对应项应有相应的变位，否则，说明装置开入回路存在断线、接触不良等异常情况。

自 测 思 考 题

1. 微机保护柜的通用检验项目主要有哪些？

2. 什么叫"零漂检查"？微机保护装置的"零漂"一般应满足什么要求？

3. 谈谈微机继电保护测试仪的主要功能和基本使用方法。

4. 微机型继电保护装置交流回路采样精度应满足什么要求？

5. 对 220kV 变压器保护装置的交流电压回路进行采样精度检测时，为何三相电压回路加入的检测电压不超过 60V，而高压侧或中压侧开口三角形电压回路检测电压却达 180V？

工作任务二　微机型线路保护装置的功能测试

任务概述

一、工作任务表

序号	任务内容	任务要求	任务主要成果（可展示）
1	三段式距离保护的测试	正确接线及设置压板状态，完成 RCS941、RCS902 等型号线路保护装置三段接地距离和相间距离保护的测试	测试报告，包括结论
2	四段式零序电流保护的测试	正确接线及设置压板状态，完成 RCS941、RCS902 等型号线路保护装置四段式零序方向电流保护的测试	测试报告，包括结论
3	纵联保护的测试	正确接线及设置压板状态，完成 RCS941、RCS902 等型号线路保护装置纵联零序方向保护、纵联距离方向保护的测试	测试报告，包括结论
4	不对称故障相继速动保护的测试	正确接线及设置压板状态，完成 RCS941 等型号线路保护装置不对称故障相继速动保护的测试	测试方案概述，测试报告，包括结论
5	低周保护的测试	正确接线及设置压板状态，完成 110kV、35kV 线路保护装置低周减载保护的测试	测试报告，包括结论
6	工频变化量距离保护的测试	正确接线及设置压板状态，完成 220kV 线路保护装置工频变化量距离保护的测试	测试报告，包括结论

二、设备仪器

序号	设备或仪器名称及型号	备　注
1	PRC41B 线路保护柜（110kV）	南京南瑞继保电气有限公司
2	PRC78E 变压器保护柜（220kV）	南京南瑞继保电气有限公司
3	PRC02B 线路保护柜（220kV）	南京南瑞继保电气有限公司
4	PW31E、PW41E 继电保护测试仪	北京博电新力电气股份有限公司
5	螺丝刀、测试线	继电保护实训室提供
6	AD661、AD431 继电保护测试仪	广州昂立电气自动化有限公司

三、项目活动（步骤）

顺序	主要活动内容	时间安排
1	查阅 RCS941、RCS902 等系列微机成套保护装置技术说明书，掌握线路保护装置的功能配置及其基本工作原理	主要在课外完成
2	阅读 PRC41B、PRC02B 等微机型继电保护柜的接线图，进一步熟悉保护柜的组成及接线等	课内完成与课外完成相结合
3	查读继电保护的检验标准，掌握微机型线路继电保护装置的检验项目与标准、测试内容及要求	主要在课外完成
4	正确接线：将测试仪三相电流、四相电压分别接线路保护柜相应端子排，接好模拟断路器及测试仪的开入量	课内完成
5	根据测试项目，投入保护柜的交流电压、直流电源空气开关，分别正确设置保护压板，按照检验标准的要求，依次完成三段式距离保护、四段式零序电流保护、纵联保护等线路保护装置主要功能的测试，填写相应的测试报告	主要在课内完成

工作子任务一　三段式距离保护的测试

［工作任务单］

距离保护测试报告单（样单）

保护柜名称：

保护装置型号：

工作风险提示：触电、短路

三段式距离保护的整定值及相关参数：

序号	定值或参数名称	整定值	序号	定值或参数名称	整定值
1	零序补偿系数		10	相间距离Ⅱ段定值	
2	接地距离Ⅰ段定值		11	相间距离Ⅱ段时间	
3	距离Ⅰ段时间		12	相间距离Ⅲ段定值	
4	接地距离Ⅱ段定值		13	相间Ⅲ段四边形	
5	接地距离Ⅱ段时间		14	相间距离Ⅲ段时间	
6	接地距离Ⅲ段定值		15	正序灵敏角	
7	接地Ⅲ段四边形		16	零序灵敏角	
8	接地距离Ⅲ段时间		17	重合闸时间	
9	相间距离Ⅰ段定值				

测试结果（部分）：

序号	保护功能名称、故障方向	整定值倍数	短路阻抗/Ω、动作时间/s	阻抗角	是否动作	是否合格
1	接地距离Ⅰ段、正向	0.95				
		1.05				
2	接地距离Ⅱ段、正向	0.95				
		1.05				
3	接地距离Ⅲ段、正向	0.95				
		1.05				
4	相间距离Ⅰ段、正向	0.95				
		1.05				
5	相间距离Ⅱ段、正向	0.95				
		1.05				
6	相间距离Ⅲ段、正向	0.95				
		1.05				
7	重合闸	—		—		
8	各段保护、反向出口处故障		—			

结论：

复原现场：
　　□已复原　　□未复原

教师评定：

学习反思：

要求：

工作结束后必须复原现场，即将设备各部件、接线等完全恢复原状。

[知识链接一]

一、线路保护装置功能的基本配置

根据具体条件以及实际情况需要，在 110kV 及以上输电线路的继电保护装置中，可能配置的保护功能主要有光纤电流差动保护、纵联零序方向电流保护、纵联距离方向保护、三段式接地及相间距离保护、三段或四段式零序电流保护和自动重合闸等，对于 110kV 线路，通常还配置不对称故障相继速动保护、低周减载保护，平行双回线路还可配置双回线相继速动保护和横联方向差动保护等。

二、线路保护装置定值检验的基本方法

根据继电保护规程《微机线路保护装置通用技术条件》要求，线路保护装置的动作整定值误差应不超过±5%，所以，一般情况下，主要通过观察保护装置在下列三种情况下的动作行为来完成线路保护装置定值的测试：

（1）模拟正方向故障，且加入装置的电流、电压量能使保护原理所反映的故障参数为0.95倍整定值。

（2）模拟正方向故障，且加入装置的电流、电压量能使保护原理所反映的故障参数为1.05倍整定值。

（3）模拟反方向故障。通常模拟反方向出口处故障。

对于增量型保护即保护原理基于反映故障时参数增大而动作的继电保护，如过电流保护、零序电流保护，在第一种情况下，本保护应可靠不动作；而在第二种情况下，本保护应可靠动作。对于欠量型保护即保护原理基于反映故障时参数降低而动作的继电保护，如低电压保护、距离保护，在上述情况下其动作行为则应与增量型保护相反，即在第一种情况下，本保护应可靠动作；而在第二种情况下，本保护应可靠不动作。无论是增量型保护，还是欠量型保护，在第三种情况下，均应可靠不动作。若能同时满足这些要求，即可认为保护动作整定值误差满足规程不超过±5%的规定，且能正确判断故障方向。当保护不带或不投入方向元件时，不进行第三种情况下的测试。

微机继电保护测试仪通常提供线路保护定值检验专用模块，用户只需正确设置一些参数及选项，输入待测试保护的整定值，选择0.95倍和1.05倍整定值的测试项，试验时测试仪将会自动计算为完成上述测试所需输出给保护装置的电流、电压量，提高了测试效率。

三、PW系列继电保护测试仪"线路保护定值校验"模块的使用

"线路保护定值校验"模块可用于测试纵联距离方向保护、纵联零序方向保护、阶段式距离保护、阶段式零序电流保护、阶段式电流保护及自动重合闸等多种保护功能。采用这一模块测试线路保护装置时，只需选择保护类型并给测试仪输入待测试保护的定值等一些必要的参数和试验条件后，测试仪就能根据测试要求自动地控制电流、电压的输出，自动记录保护的动作情况并给出相应的测试报告。因此，测试效率很高。启动"线路保护定值校验"测试模块后，屏幕显现窗口如图2-7所示。

根据待测试的保护功能，在"测试项目"页选择相应的项目，如阶段式零序电流保护应选择"零序电流定值校验"，通常还需要设置"试验参数""系统参数"和"开关量"等页内的参数及选项。下面以测试某110kV线路RCS941B保护装置的三段式接地及相间距离保护为例，简要介绍PW系列继电保护测试仪"线路保护定值校验"模块的使用方法和注意事项。

1. 测试前的准备

（1）正确接线。将测试仪电流、电压输出端接至线路保护柜相应的交流电流、交流电压回路端子排上；保护柜跳合闸输出端子、操作电源负极端分别接到模拟断路器对应的输入端，并预先应使模拟断路器处于合闸位置；保护装置动作跳闸和重合闸信号接到测试仪开关量输入端。对线路保护装置的各项功能进行测试时均可按此接线即可。图2-8所示

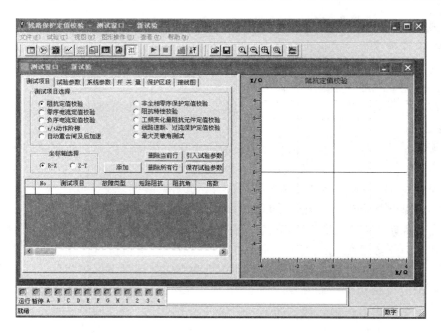

图 2-7　"线路保护定值校验"模块窗口

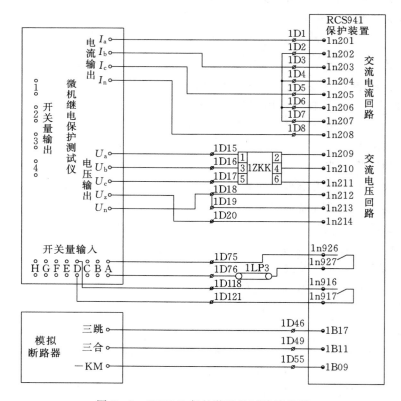

图 2-8　RCS941 保护装置的试验接线图

为测试 RCS941 线路保护装置的试验接线图。图中，将保护动作跳闸信号接至测试仪开关量输入 A，保护重合闸信号接至开关量输入 D。

（2）保护柜空气开关设置。投上保护电源 1K1、操作电源 1K2 和交流电压空气开关 1ZKK。

（3）保护柜压板设置。投入保护跳闸出口压板 1LP1 和重合闸出口压板 1LP2，由于图 2-8 中将保护跳闸备用压板 1LP3 接至测试仪开入量，所以应投入 1LP3 压板；仅投入距离保护功能压板，其他功能压板均退出。

2.“测试项目”页面的设置

“测试项目选择”一项选中“阻抗定值校验”后，点击“添加”按钮，在弹出的页面“阻抗定值校验”内选择故障类型、设定阻抗角及短路电流；在“整定值”一栏输入各段保护的整定阻抗值、整定动作时间及相应“正向”前的小方框内打“√”以选中；在“整定倍数”一栏选勾 0.95 和 1.05。如图 2-9 所示。

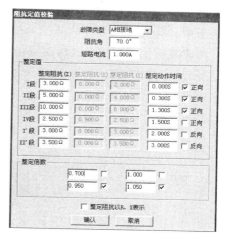

图 2-9　“阻抗定值校验”页面的设置

故障类型应按照检验标准或规程的要求选择，通常要求：对于距离Ⅰ段，分别模拟 A、B、C 相单相接地瞬时短路故障和 AB、BC、CA 相间瞬时短路故障；对于距离Ⅱ段，分别模拟 A 相接地瞬时短路故障和 BC 相间瞬时短路故障；对于距离Ⅲ段，则分别模拟 B 相接地瞬时短路故障和 CA 相间瞬时短路故障。具体应以检验标准或规程为准。

短路电流取固定值，取值不宜过大。一般取电流互感器二次额定电流 I_n 作为短路电流，I_n 等于 5A 或 1A，请注意查看保护装置铭牌上的技术参数。

阻抗角的设定要求对不同型号保护装置可能略有差异，应仔细阅读装置说明书后确定。总体而言，阻抗角的设定主要取决于距离保护所采用的阻抗测量元件的动作特性。微机型继电保护的阻抗测量元件动作特性主要有圆动作特性和多边形动作特性两类。

一般地，采用圆动作特性阻抗测量元件的保护装置，其整定阻抗值 Z_{set} 通常是灵敏角 φ_{sen} 下的阻抗值，如图 2-10 所示。测试时，阻抗角的设定又分为两种情况：一种是无论是短路故障、相间短路还是接地短路，阻抗角均设定为线路正序阻抗角；另一种是相间短路故障时阻抗角设定为正序灵敏角，而接地短路故障时阻抗角设定为零序灵敏角，正序灵敏角和零序灵敏角可从保护定值单中获得，如 RCS900 系列保护装置即属于这一种情况。因此，测试 RCS941 保护装置距离保护时，阻抗角和整定阻抗值、整定动作时间应根据故障类型设定，接地短路故障的，阻抗角应设定为零序灵敏角，“整定值”一栏应输入接地距离保护各段的整定阻抗值和整定动作时间；相间短路故障的，阻抗角应设定为正序灵敏角，“整定值”一栏应输入保护定值单中相间距离保护各段的整定阻抗值和整定动作时间。

采用多边形动作特性阻抗测量元件的保护装置，其整定阻抗通常分别以电阻值 R_{set} 和

电抗值 X_{set} 表示，如图 2-11 所示。因此，测试电阻定值时，阻抗角设定为 0°，而测试电抗定值时，阻抗角应设定为 90°。

上述各项参数及选项设置好后，点击"确认"按钮，设置的测试项目即添加到测试项目列表中。若需模拟多种故障类型进行测试，只需再次点击"添加"按钮，修改故障类型、整定阻抗值和阻抗角并再次点击"确认"即可。图 2-12 所示为模拟 A 相接地故障、BC 相间故障的测试窗口。

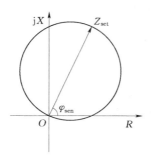

图 2-10　圆动作特性
阻抗测量元件的动作
特性示意图

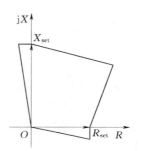

图 2-11　多边形动作特
性阻抗测量元件的
动作特性示意图

图 2-12　测试窗口

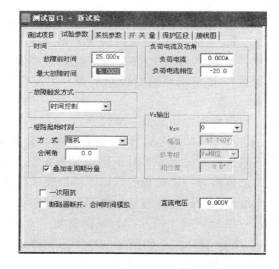

图 2-13　"试验参数"页面的设置

3. "试验参数"页面的设置

"时间"一栏中的故障前时间是指测试仪输出故障电压和电流前的延时时间，在这一时间内，测试仪输出正常对称三相电压和负荷电流。故障前时间应按大于保护装置整组复归时间（包括电压互感器断线复归、重合闸充电时间）或重合闸充电时间来设定，微机保护装置一般可取 25~30s；最大故障时间是指从故障开始到试验结束的可能最大时间间隔，为了能对所有保护及重合闸进行测试，最大故障时间应按大于保护装置中所有反映短路故障保护中的最大动作时间与重合闸时间之和来设定，一般取 5~10s；负荷电流通常可设为 0，即故障前线路空载，如图 2-13 所示，其他参数及选项可采用图中相同的设定，一般情况下，不影响测试结果。

4. "系统参数"页面的设置

由于电力系统发生接地短路故障时，阻抗测量元件的测量阻抗将受到零序电流的影响，用以计算测量阻抗的电流需引入零序电流来补偿，才能使阻抗测量元件的测量阻抗正确反映故障点的距离，零序电流应如何补偿由零序电流补偿系数确定，因此，在"系统参数"页面内正确设置零序补偿系数是合理进行接地距离保护测试的关键。

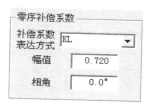

图 2-14　"零序补偿系数"的设置

目前，国产保护装置的零序电流补偿系数主要有两种表示形式。一种是阻抗型补偿形式，补偿系数为 $K_L = (Z_0 - Z_1)/(3Z_1)$，通常认为是一个实数，多应用于圆动作特性阻抗测量元件。RCS 系列线路保护装置就是采用这种表示形式，因此，"系统参数"页面内"零序补偿系数"一项的设置应类似于图 2-14 所示。

零序补偿系数可从保护定值单中获得，角度应为 0°。另一种是分别补偿形式，由零序电抗分量补偿系数 $K_x = (X_0 - X_1)/(3X_1)$ 和零序电阻补偿系数 $K_R = (R_0 - R_1)/(3XR_1)$ 组成，常用于多边形动作特性阻抗测量元件，CSL、PSL、WXB、SAL 系列线路保护装置采用这种表示形式。对于同一线路，这两种表示形式不同的零序电流补偿系数是等效的，两者之间的变换关系为

$$K_L = \frac{K_R R_1^2 + jK_x X_1^2}{R_1^2 + jX_1^2}$$

5. "开关量"页面的设置

利用本模块进行线路保护的自动测试时，需要将保护的动作跳闸信号、重合闸信号送入测试仪开关量输入端子。以输入开关量一栏内的"第一组保护"为例，对于只能进行三相跳闸的保护装置，如 RCS941 线路保护装置，应将保护动作跳闸信号接入测试仪 A、B、C 三对开入中的任一对，并在"开关量"页面内将对应的开入设为"三相跳闸"。如图 2-15 所示，属于保护跳闸信号接至测试仪开入 A 的情况下；对于能进行分相跳闸的保护装置，保护装置分相跳 A、B、C 断路器的信号分别接至测试仪 A、B、C 三对开入；而由

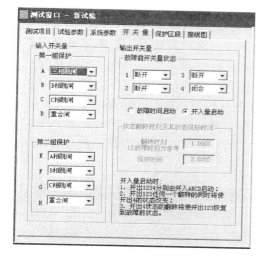

图 2-15　"开关量"页面的设置

于保护重合闸信号只能接至测试仪的开入 D，所以开入 D 设为"重合闸"。

以上各页各项参数及选项设定后即可开始试验，为便于观察测试进度及结果，可单击工具栏上的测试项列表按钮，打开相应的测试项列表，如图 2-16 所示。

序号	故障类型	倍数	短路阻抗	阻抗角	短路电流	跳A	跳B	跳C	重合	后加速	跳A'	跳B'	跳C'	重合'	后加
1	A相接地	0.95	2.850Ω	70.0°	1.000A										
2	A相接地	1.05	3.150Ω	70.0°	1.000A										
3	A相接地	0.95	4.750Ω	70.0°	1.000A										
4	A相接地	1.05	5.250Ω	70.0°	1.000A										
5	A相接地	0.95	9.500Ω	70.0°	1.000A										
6	A相接地	1.05	10.500Ω	70.0°	1.000A										
7	BC短路	0.95	3.040Ω	78.0°	1.000A										
8	BC短路	1.05	3.360Ω	78.0°	1.000A										
9	BC短路	0.95	4.750Ω	78.0°	1.000A										

图 2-16　测试项列表

6. 模拟反方向出口短路故障

上述都是模拟测试距离保护在正方向短路故障下的动作情况，通常还需要进行反方向短路故障的模拟测试，要求分别模拟反方向出口处单相接地短路、两相短路和三相短路故障。对保护装置的距离保护进行反方向出口处短路故障模拟测试时，试验接线与上述完全

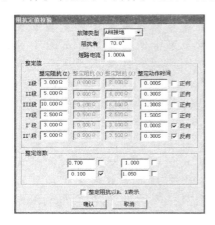

图 2-17　反方向故障"测试项目"页面的设置

相同，测试仪的参数设置也与上述基本相同，但在"阻抗定值校验"页面内的"整定值"一栏中，应将所有"正向"前的小方框内的"√"去掉，而勾选"反向"，并将各段保护的整定阻抗值、整定动作时间填入已勾选"反向"的相应行中即Ⅰ'段、Ⅱ'段；同时，模拟反方向出口处短路，则在"整定倍数"一栏一般取 0.1。如图 2-17 所示。

模拟反方向短路故障时，测试仪输出的短路阻抗角应为 180°+灵敏角，如图 2-18 所示，由于模拟反方向单相接地短路故障，所以测试仪输出的阻抗角为 180°+零序灵敏角，等于 250°。

若测试阶段式零序电流保护时，则在保护功能压板中，应仅投零序保护功能压板，其他设置要求与方法基本同上述。

序号	故障类型	倍数	短路阻抗	阻抗角	短路电流	跳A	跳B	跳C	重合	后加速	跳A'	跳B'	跳C'	重合'	后加速
1	A相接地	0.10	0.300Ω	250.0°	1.000A										
2	A相接地	0.10	0.500Ω	250.0°	1.000A										

图 2-18　模拟反方向短路故障时的测试项列表

［技能拓展］　阶段式零序电流保护的测试

零序电流保护测试方案及测试报告单（样单）

保护柜名称：

保护装置型号：

工作风险提示：触电、短路

四段式零序电流保护的整定值及相关参数：

序号	定值或参数名称	整定值	序号	定值或参数名称	整定值
1	零序过电流Ⅰ段定值		7	零序过电流Ⅳ段定值	
2	零序过电流Ⅰ段时间		8	零序过电流Ⅳ段时间	
3	零序过电流Ⅱ段定值		9	重合闸时间	
4	零序过电流Ⅱ段时间				
5	零序过电流Ⅲ段定值				
6	零序过电流Ⅲ段时间				

测试方案概述（说明接线、压板及开关设置、参数设置、试验主要步骤等）：

测试结果（部分）：

序号	保护功能名称、故障方向	整定值倍数	短路电流/A、动作时间/s	阻抗角	是否动作	是否合格
1	零序过电流Ⅰ段、正向	0.95				
		1.05				
2	零序过电流Ⅱ段、正向	0.95				
		1.05				
3	零序过电流Ⅲ段、正向	0.95				
		1.05				
4	零序过电流Ⅳ段、正向	0.95				
		1.05				
5	重合闸	—		—		
6	各段保护、反向出口处故障		—			

结论：

复原现场：
　　　　　□已复原　　　□未复原

教师评定：

学习反思：

要求：

（1）工作结束后必须复原现场，即将设备各部件、接线等完全恢复原状。

（2）测试方案经教师检查后才能实施。

工作子任务二　线路纵联保护的测试

［工作任务单］

线路纵联保护测试方案及报告单（样单）

保护柜名称：

保护装置型号：

工作风险提示：触电、短路

纵联保护的整定值及相关参数：

序号	定值或参数名称	整定值	序号	定值或参数名称	整定值
1	距离方向阻抗定值		5	弱电源侧	
2	距离反方向阻抗		6	重合闸时间	
3	零序方向过电流定值		7	相间距离Ⅲ段定值	
4	投允许通道				

测试方案概述（说明接线、压板及开关设置、参数设置、试验主要步骤等）：

测试结果（部分）：

1. 纵联距离保护

序号	保护功能名称、故障方向	整定值倍数	短路阻抗/Ω、动作时间/s	阻抗角	是否动作	是否合格
1	纵联距离保护、正向	0.95				
		1.05				
2	重合闸	—		—		
3	反向出口处故障					

2. 纵联零序保护

序号	保护功能名称、故障方向	整定值倍数	零序电流/A、动作时间/s	阻抗角	是否动作	是否合格
1	纵联零序保护、正向	0.95				
		1.05				
2	重合闸	—		—		
3	反向出口处故障					

续表

结论：
复原现场： □已复原　　□未复原
教师评定：
学习反思：

要求：

（1）测试方案经教师检查后才能实施。

（2）工作结束后必须复原现场，即将设备各部件、接线等恢复原状。

［知识链接二］

一、概述

纵联保护通常用作 220kV 及以上输电线路的主保护，其基本工作原理是用通信通道将线路各端的保护装置纵向连接起来，将各端电气量（如功率方向、电流相位或波形等）通过通道传送到对端，线路各端保护装置再对各端的电气量进行比较，以判断故障是否位于本线路范围内，从而决定是否动作断开被保护线路。在我国，继电保护的通信通道有线路载波通道（即高频通道）、光纤通道、微波通道、导引线通道四种。

纵联保护的测试包括单端测试和带通道两侧联调两项。单端测试的主要目的是对保护定值进行检验，而带通道联调则是为了检验线路两侧纵联保护装置在被保护线路内、外部故障时的动作行为是否符合设计逻辑，以期发现装置在整定或设计中存在的问题。

纵联保护进行单端测试时，对于采用高频通道的保护，需将收发信机背面的连片设置在"负载"以构成"自发自收"；对于采用光纤通道的保护，需用光纤跳线短接 RX、TX 而构成"自发自收"，光纤电流差动保护还需将保护运行方式控制字中的"通道自环试验"控制字设置为"1"。具有收信开入和发信开出接点的保护装置，也可以采用将本装置的发信开出接至收信开入的方法来实现"自发自收"。

对于使用高频收发信机或独立的光纤通信接口装置的纵联保护，还需要投上高频收发信机或光纤通信接口装置的电源开关。

纵联保护单端测试也可采用 PW 继电保护测试仪"线路保护定值校验"模块来完成，基本方法与上述阶段式保护的测试相类似（光纤电流差动保护除外）。

二、RCS941B 保护装置纵联保护的测试

RCS941 系列微机型线路保护装置可用作 110kV 输电线路的主保护及后备保护，其中，RCS941B 保护装置配置纵联保护作为线路的主保护。

RCS941B 纵联保护采用方向比较式来判断被保护线路的内、外故障，其方向元件的动作范围按超过被保护线路全长并留有一定裕度来整定即所谓的"超范围整定"。通过整定运行方式控制字，RCS941B 纵联保护可选择是采用允许式还是闭锁式。

（1）试验接线：与阶段式保护的试验接线相同，即仍按图 2 - 8 接线。试验前模拟断路器（断路器）也应在合位。

（2）保护柜空气开关设置：投上保护电源 1K1、操作电源 1K2 和交流电压空气开关 1ZKK，由于 PRC41B 保护柜的 RCS941B 线路保护装置使用 FOX - 40F 光纤通信接口装置来接收和发送高频信号，所以，试验前需将 FOX - 40F 光纤通信接口装置的电源开关 24K 投上。

（3）保护柜压板设置：投入保护跳闸出口压板 1LP1、重合闸出口压板 1LP2 和保护跳闸备用压板 1LP3；对于保护功能压板，由于 RCS941B 保护装置的纵联保护包括纵联距离保护和纵联零序保护两种，两者共同为主保护，共用保护柜上的投纵联保护硬压板 1LP10，同时，纵联距离保护与纵联零序保护分别设有独立于其他保护功能的方向元件：距离方向继电器和零序方向继电器，所以，根据 RCS941B 纵联保护的构成方式，要求测试纵联距离保护时，功能压板中应仅将纵联保护压板投入；而测试纵联零序保护时，除需将纵联保护压板投入外，还需将零序电流保护中任意一段的功能压板投入。

（4）模拟正方向短路故障：也应分别模拟故障参数为 0.95 倍和 1.05 倍整定值时的短路故障。对于纵联距离保护，应分别模拟 A、B、C 相正方向单相接地瞬时短路故障，AB、BC、CA 正方向相间瞬时短路故障和正方向三相瞬时短路故障；对于纵联零序保护，则应模拟 A、B、C 相正方向单相接地瞬时短路故障。

（5）模拟反方向短路故障：模拟的故障类型与上述（4）相同。对于纵联距离保护，可只模拟故障参数为 0.1 倍整定值时的反方向短路故障；对于纵联零序保护，可只模拟故障参数为 2 倍整定值时的反方向单相接地短路故障。

工作子任务三　线路不对称故障相继速动保护的测试

［工作任务单］

不对称故障相继速动保护测试方案及报告单（样单）

保护柜名称：

保护装置型号：

工作风险提示：触电、短路

与不对称故障相继速动保护相关的整定值及参数：

序号	定值或参数名称	整定值	序号	定值或参数名称	整定值
1	零序补偿系数		7	相间距离 Ⅱ 段定值	
2	接地距离 Ⅰ 段定值		8	相间距离 Ⅱ 段时间	
3	接地距离 Ⅰ 段时间		9	正序灵敏角	
4	接地距离 Ⅱ 段定值		10	零序灵敏角	
5	接地距离 Ⅱ 段时间		11	重合闸时间	
6	相间距离 Ⅰ 段定值				

测试方案概述（说明接线、压板及开关设置、参数设置、试验主要步骤等）：

测试结果：

1. 保护动作报告记录及其说明

2. 装置信号灯及其说明

3. 结论

复原现场：
□已复原　　□未复原

教师评定：

学习反思：

要求：

（1）保护动作后即从装置液晶屏上读取并记录保护动作报告。

（2）测试方案经教师检查后才能实施。

（3）工作结束后必须复原现场，即将设备各部件、接线等恢复原状。

［知识链接三］

一、概述

不对称故障相继速动保护主要应用于 110kV 线路上，110kV 线路断路器均采用三相联动机构，即三相断路器的分闸和合闸由一个操作机构控制，三相只能同时合闸或分闸。不对称相继速动保护是利用线路发生不对称故障时，近故障点侧的线路保护装置动作跳开三断路器后非故障相负荷电流突然消失的特点，实现不对称故障时线路两侧保护装置相继快速跳闸的。如图 2-19 所示，当 K 点发生不对称故障（包括单相接地故障、两相接地故障、两相短路故障等，如图中为 AB 两相相间短路）时，因故障点位于 N 侧线路保护距离 I 段的保护范围

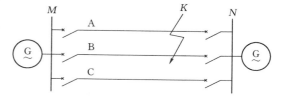

图 2-19 输电线路不对称短路故障

内，所以 N 侧线路保护装置快速动作，无时限地切除故障，由于 N 侧是三相跳闸，此

时，非故障相电流将同时被切除，因而远故障点的 M 侧保护测量到 A、B、C 三相任一相（如图中的 C 相）负荷电流突然消失，而且又有本侧（M 侧）距离保护 Ⅱ 段元件连续动作不返回时，则 M 侧保护将不经 Ⅱ 段延时即跳开本侧开关，快速将故障切除。不对称故障相继速动保护的工作逻辑如图 2-20 所示。

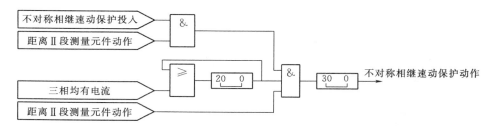

图 2-20　不对称故障相继速动保护逻辑图

二、RCS941 不对称故障相继速动保护的测试

根据上述原理介绍，测试不对称故障相继速动保护需利用测试仪设置三种状态，先后顺序为：故障前状态、故障状态和对侧跳闸后状态。若要同时对重合闸功能进行试验，则宜在上述三种状态之后增设第四种状态：故障切除后状态。如图 2-21 所示。

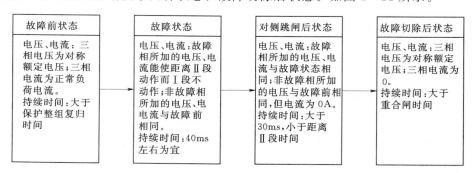

图 2-21　状态设置

故障前状态下，加入保护装置的电压、电流为正常对称三相电压和负荷电流，持续时间为应大于装置整组复归时间，以便使电压互感器断线信号复归及重合闸充满电；故障状态下，故障相设置的电压、电流而形成的短路阻抗应能使本侧距离 Ⅱ 段阻抗测量元件动作而 Ⅰ 段阻抗测量元件不动作，非故障相的电压、电流保持与故障前状态相同，持续时间可设为 40ms 左右，应小于距离 Ⅱ 段的动作时限；对侧跳闸后状态下，故障相的电压、电流与故障状态下相同，非故障相的电压仍保持与故障前状态时相同但电流设为 0，持续时间应大于 30ms，但也应小于距离 Ⅱ 段的动作时限；故障切除后，电流、电压恢复回正常运行状态，即实际上故障切除后状态下电流、电压与故障前状态相同，为使测试仪能自动检测到保护重合闸动作信号，故障切除后状态的持续时间应大于重合闸时间。

测试前保护功能压板应仅将不对称故障相继速动保护压板投入，模拟断路器（断路器）在合位；可采用 PW 系列继电保护测试仪"状态序列"模块来完成测试。

工作子任务四　低周保护的测试

[工作任务单]

低周保护测试方案及报告单（样单）

保护柜名称：

保护装置型号：

工作风险提示：触电、短路

低周保护的整定值及相关参数：

序号	定值或参数名称	整定值	序号	定值或参数名称	整定值
1	低周滑差闭锁定值		4	低周保护时间定值	
2	低周低压闭锁定值		5	重合闸时间	
3	低周保护低频定值				

测试方案概述（说明接线、压板及开关设置、参数设置、试验主要步骤等）：

测试结果：

序号	保护定值或功能名称	动作值	误差	是否动作	是否合格
1	低周滑差闭锁定值			—	
2	低周低压闭锁定值			—	
3	低周保护低频定值			—	
4	重合闸	—	—		

结论：

复原现场：

□已复原　　□未复原

教师评定：

学习反思：

要求：

（1）测试方案经教师检查后才能实施。

（2）工作结束后必须复原现场，即将设备各部件、接线等恢复原状。

[知识链接四]

一、概述

低周保护也称按频率自动减负荷或低频减载保护，是防止电力系统因出现严重有功功率缺额导致频率大幅下降而危及安全运行的一种重要措施。低周保护的功能就是当电力系统出现严重的有功功率缺额导致频率下降时，切除一定的负荷（首先切除不重要负荷），减小系统有功缺额的程度，使频率不低于事故允许限额，防止频率崩溃的发生。

　　低周保护的逻辑框图通常如图 2-22 所示。由图可知，当电力系统频率低于低频动作整定值，且无任何闭锁条件满足时，保护经一定延时后跳闸。在电力系统实际运行中往往会出现低周保护误动，例如，地区变电所某些操作可能造成短时间供电中断，该地区的旋转电机短时反馈功率，且维持一个不低的电压水平，而频率急剧下降时，低周保护就可能误动。当变电所很快恢复供电时，负荷已被错误断开；再如，电力系统容量不大且出现很大冲击负荷时，系统频率将会瞬时下跌，也可能引起低周保护误动。因此，为提高保护的可靠性，防止其误动作，除了设有动作延时外，当满足下列任一条件时，将低周保护闭锁：

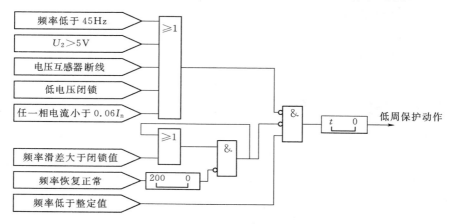

图 2-22　低周保护逻辑框图

　　（1）电力系统频率低于 45Hz。说明系统频异常，应闭锁低周保护。

　　（2）保护安装处的负序电压大于 5V。出现负序电压往往说明发生不对称故障。

　　（3）电压互感器二次回路断线。电压互感器二次侧断线时可能无法测量到真实系统的频率。

　　（4）保护安装处的电压低于闭锁值。保护安装处的相间电压过低，说明电源已断开或系统发生短路故障。

　　（5）A、B、C 三相电流中，任一相的电流小于 0.06 倍的额定电流。说明电源已断开或该支路负荷较小，切除后对系统频率的回升也不起多大作用。

　　（6）频率滑差大于闭锁值。电力系统频率快速下降即频率滑差过大，说明系统发生故障。

二、低周保护的测试方法

　　由图 2-22 可知，低周保护测试的主要项目包括低频动作定值、频率滑差闭锁（df/dt）定值和低电压闭锁元件定值三项。测试前，保护功能压板应仅投入低周减载保护压板，模拟断路器（断路器）在合位；可采用 PW 系列继电保护测试仪"递变"模块来完成测试。为保证测试工作能较顺利地完成，需注意以下几点：

　　（1）试验时通常要求加入装置的三相电流均应大于一定数值，如 RCS941 装置要求大

于 $0.06I_n$，否则，低周保护不会动作，具体数值可查阅对应的技术说明书。

（2）有些低周保护具有频率滑差闭锁自保持功能，如图 2-22 中的低周保护。对于这类低周保护，测试其频率滑差闭锁定值过程时，必须设置有复归时间段，使系统频率恢复正常水平并持续合适时间，以便频率滑差闭锁元件重新开放低周保护；若被测试的低周保护不具有频率滑差闭锁自保持功能，则测试仪的输出保持时间（或触发后延时）应设为 0。

（3）测试频率滑差闭锁定值闭时，若低周保护的动作时间过长，测试过程中，频率可能降得很低，低于装置内部自定的低频闭锁值（一般为 45Hz）或造成装置报"电压互感器断线"，低周保护被闭锁，无法测试，为此，可暂将低周保护的动作时间定值改短，测试结束后再改回原定值。

［技能拓展］　工频变化量距离保护的测试

工频变化量距离保护测试方案及报告单（样单）

保护柜名称：

保护装置型号：

工作风险提示：触电、短路

工频变化量距离保护的整定值及相关参数：

序号	定值或参数名称	整定值	序号	定值或参数名称	整定值
1	工频变化量阻抗		⋮		
2	重合闸时间				

测试方案概述（说明接线、压板及开关设置、参数设置、试验主要步骤等）：

测试结果：

序号	故障方向	整定值倍数	短路阻抗/Ω、动作时间/s	阻抗角	是否动作	是否合格
1	正向	0.95				
		1.05				
2	重合闸	—		—		
3	反向出口处故障					

结论：

复原现场：

□已复原　　□未复原

教师评定：

学习反思：

要求：

（1）测试方案经教师检查后才能实施。

（2）工作结束后必须复原现场，即将设备各部件、接线等恢复原状。

［知识拓展］ 工频变化量距离保护及其测试

一、工频变化量距离保护的原理

1．工频变化量及其获取方法

根据叠加原理，当发生短路故障时，电力系统短路后状态可视为由正常负荷状态与短路附加状态两者的叠加，如图 2-23 所示。相应地，电力系统短路后的电流、电压就是分别在正常负荷状态 ［图 2-23（c）］ 与短路附加状态 ［图 2-23（d）］ 下计算结果的代数和。工频变化量指的是短路附加状态下电气量的工频分量 Δi、Δu，工频电流变化量计算原理如图 2-24 所示，工频电压变化量也与此类似，图中只考虑工频分量。

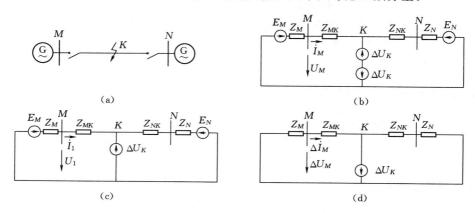

图 2-23　叠加原理在短路计算应用示意图
（a）系统图；（b）短路后状态等值电路；（c）正常负荷状态等值电路；
（d）短路附加状态等值电路

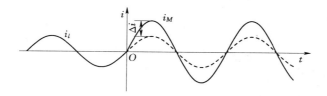

图 2-24　工频电流变化量计算示意（短路时刻 $t=0$）

由上述分析可知，以 M 侧为例，工频变化量可由下式计算得出：

$$\Delta \dot{I}_M = \dot{I}_M - \dot{I}_l$$
$$\Delta \dot{U}_M = \dot{U}_M - \dot{U}_l$$

式中：$\dot{I}_M$、$\dot{U}_M$ 分别为短路故障发生后的电流和电压工频分量；$\dot{I}_l$、$\dot{U}_l$ 分别为短路故障发生前的电流和电压（只有工频量）。利用微机保护装置的数字滤波和记忆功能，这些数据容易获得：$\dot{I}_M$、$\dot{U}_M$ 是微机保护装置当前时刻采样得到的数据；而 $\dot{I}_l$、$\dot{U}_l$ 为微机保护装置以前（通常为 1～3 周波前的相应时刻）采样得到的数据。

2. 工频变化量距离保护的动作条件

工频变化量距离保护的动作条件是

$$|\Delta \dot{U}_{OP}| \geqslant U_{set}$$

式中：U_{set} 为整定的门槛电压，取故障前短路故障点的电压幅值，因为短路故障点的电压工频变化量的幅值与故障前的电压幅值相等，所以有 $|\Delta \dot{U}_K| = U_{set}$；$\Delta \dot{U}_{OP}$ 称为工作电压，其计算方法与故障类型有关。

当接地短路故障时

$$\Delta \dot{U}_{OP \cdot \varphi} = \Delta \dot{U}_{\varphi} - (\Delta \dot{I}_{\varphi} + K\Delta 3\dot{I}_0)Z_{set}$$

当相间短路故障时

$$\Delta \dot{U}_{OP \cdot \varphi\varphi} = \Delta \dot{U}_{\varphi\varphi} - \Delta \dot{I}_{\varphi\varphi}Z_{set}$$

式中：K 为零序补偿系数；Z_{set} 为整定阻抗，一般取 0.8～0.85 倍线路正序阻抗；$\Delta \dot{I}_{\varphi}$、$\Delta \dot{U}_{\varphi}$、$\Delta \dot{I}_{\varphi\varphi}$、$\Delta \dot{U}_{\varphi\varphi}$ 分别为保护安装处的各相（相间）电流和电压的工频变化量，其中，φ 表示 A、B、C 相，$\varphi\varphi$ 表示 AB、BC、CA 两相。

3. 工频变化量距离保护动作原理分析

以图 2-25（a）中 MN 线路的 M 侧保护为例，图 2-25（a）中，P 点为 M 侧工频变化量距离保护的保护范围末端，P 点到保护安装处 M 母线的线路正序阻抗对应于 M 侧工频变化量距离保护的整定阻抗 Z_{set}。

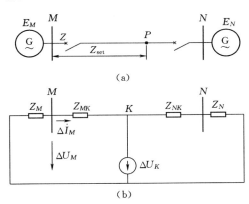

图 2-25　正方向短路

(a) 正常运行系统图；(b) 正方向短路附加状态等值电路

保护正方向发生短路故障时，其短路附加状态等值电路如图 2-25（b）所示。电流、电压工频变化量的正方向按传统方式规定，即规定电压工频变化量 $\Delta \dot{U}$ 的方向是线路高于大地为正，因此，保护安装处母线电压工频变化量 $\Delta \dot{U}_M$ 箭头方向是电位降的方向；保护安装处电流工频变化量 $\Delta \dot{I}_M$ 的正方向规定为由母线流向线路，如图 2-25（b）中箭头所示的方向。

（1）正方向短路时，按照规定的正方向，有

$$\Delta \dot{U}_M = -\Delta \dot{I}_M Z_M$$

式中：Z_M 为保护背后电源 E_M 的等值正序阻抗。因此，根据工作电压 $\Delta \dot{U}_{OP}$ 的计算式，可得到

$$\Delta \dot{U}_{OP} = \Delta \dot{U}_M - \Delta \dot{I}_M Z_{set} = -\Delta \dot{I}_M Z_M - \Delta \dot{I}_M Z_{set} = -\Delta \dot{I}_M(Z_M + Z_{set})$$

同时，在图 2 - 25（b）中根据 $\Delta \dot{U}_K$ 的箭头方向可得到

$$\Delta \dot{U}_K = \Delta \dot{I}_M(Z_M + Z_{MK})$$

式中：Z_{MK} 为保护安装处母线到短路故障点的正序阻抗。

如果短路故障点位于保护范围内，有 $|Z_{MK}| \leqslant |Z_{set}|$，因此，可知

$$|\Delta \dot{U}_{OP}| > |\Delta \dot{U}_K|$$

如果短路故障点位于保护范围外，则有 $|Z_{MK}| > |Z_{set}|$，此时有

$$|\Delta \dot{U}_{OP}| < |\Delta \dot{U}_K|$$

可见，比较 $|\Delta \dot{U}_{OP}|$ 与 $|\Delta \dot{U}_K|$ 的大小就可以区分保护范围内外的故障，又已知 $|\Delta \dot{U}_K|$ $= U_{set}$，所以，正方向保护范围内发生短路故障时，满足保护动作条件；而保护范围外发生短路故障时，不满足动作条件。

（2）反方向短路时，短路附加状态等值电路如图 2 - 26 所示，此时，有

$$\Delta \dot{U}_M = \Delta \dot{I}_M(Z_{set} + Z_{PN} + Z_N)$$

式中：Z_{PN} 为保护范围末端到母线 N 的正序阻抗；Z_N 为 N 侧电源 E_N 的等值正序阻抗。根据工作电压 $\Delta \dot{U}_{OP}$ 的计算式，可得到

$$\begin{aligned}\Delta \dot{U}_{OP} &= \Delta \dot{U}_M - \Delta \dot{I}_M Z_{set} \\ &= \Delta \dot{I}_M(Z_{set} + Z_{PN} + Z_N) - \Delta \dot{I}_M Z_{set} \\ &= \Delta \dot{I}_M(Z_{PN} + Z_N)\end{aligned}$$

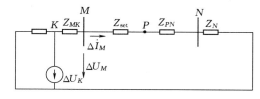

图 2 - 26　反方向短路附加状态等值电路

在图 2 - 26 中，根据 $\Delta \dot{U}_K$ 的箭头方向可得到

$$\Delta \dot{U}_K = \Delta \dot{I}_M(Z_{MK} + Z_{set} + Z_{PN} + Z_N)$$

显然，此时有

$$|\Delta \dot{U}_{OP}| < |\Delta \dot{U}_K|$$

可见，保护反方向发生短路故障时，也不会满足保护动作条件。

二、工频变化量距离保护的测试

1. 测试原理

如上所述，工频变化量距离保护的动作条件是：$|\Delta \dot{U}_{OP}| \geqslant U_{set}$，其中，$U_{set}$ 为故障前短路故障点的电压幅值。由于故障前短路点的位置不可预知，因此也就无法确定故障前短路故障点的电压幅值，即 U_{set} 不能确定。实际应用中，考虑到正常运行时整个线路的电压变化不大，应大致等于额定电压 U_n，所以，为保证动作的可靠性，继电保护装置生产厂家通常将 U_{set} 设定为 $1.05 U_n$，这样，上述的保护动作条件：$|\Delta \dot{U}_{OP}| \geqslant U_{set}$ 可变成为 $|\Delta \dot{U}_{OP}| \geqslant 1.05 U_n$。从此，也可看出工频变化量距离保护相当于一种过电压保护。根据要求，需要分别测试正方向故障且 $|\Delta \dot{U}_{OP}|$ 等于 m 倍 U_{set} 亦即 m 倍 $1.05 U_n$（$m = 1.1$、0.9、1.2）时保护的动作情况。当 $m = 1.1$ 时，工频变化量距离保护应能可靠动作；当 $m = 0.9$

时，工频变化量距离保护应可靠不动作；取 $m=1.2$，用于测量保护的动作时间；同时，还需模拟反方向各种类型出口短路故障，工频变化量距离保护均应不动作。

在保护装置的定值清单中，提供了工频变化量距离保护整定阻抗定值 Z_{set}，根据工作电压 $\Delta \dot{U}_{OP}$ 的计算式，推导出满足 $|\Delta \dot{U}_{OP}| = m1.05U_n$ 的短路电压 $\dot{U}_K$。

接地短路故障时

$$\dot{U}_K = -(1+K)(\dot{I}_l - \dot{I}_K)Z_{set} + (1-1.05m)U_n$$

相间短路故障时

$$\dot{U}_K = -2(\dot{I}_l - \dot{I}_K)Z_{set} + (1-1.05m)\sqrt{3}U_n$$

式中：$\dot{I}_l$ 为短路故障前的负荷电流；$\dot{I}_K$ 为短路电流，一般取为 I_n（1A 或 5A）；U_n 为电压互感器二次额定电流，一般取为 57.74V。

测试时通常设定短路故障前的负荷电流 $\dot{I}_l=0$，则以上两式可变为

接地短路故障时

$$\dot{U}_K = (1+K)\dot{I}_K Z_{set} + (1-1.05m)U_n$$

相间短路故障时

$$\dot{U}_K = 2\dot{I}_K Z_{set} + (1-1.05m)\sqrt{3}U_n$$

2. 测试方法

测试前保护功能压板应仅投入距离保护压板，且整定距离保护控制字中"工频变化量阻抗"为"1"，相间、接地距离各段为"0"；模拟断路器（断路器）在合位；可采用 PW 系列继电保护测试仪"线路保护定值校验"模块中"工频变化量阻抗元件定值校验"一项来完成测试，如图 2-27 所示，短路电流取 I_n，当取 $M=1.1$ 时工频变化量距离保护应能可靠动作，取 $M=0.9$ 时应能可靠不动作；取 $M=1.2$，用于测量保护的动作时间；当选

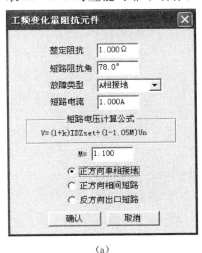

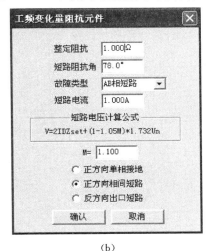

(a) (b)

图 2-27 工频变化量距离保护测试
(a) 模拟单相接地短路故障；(b) 模拟相间短路故障

"反方向出口短路"时，M 值无意义，此时，无论"故障类型"选为任何故障，保护均可靠不动作。

需要注意的是，模拟接地短路故障时，所加短路电流的大小应使短路电压在 $0\sim U_n$ 范围内；模拟相间短路故障时，所加短路电流的大小应使短路电压在 $0\sim100\text{V}$ 范围内，否则，需调整短路电流的大小。同时，测试时，电流、电压必须同时变化。

自 测 思 考 题

1. 分别简述线路阶段式距离保护和零序电流保护的基本工作原理。

2. 简述检验线路保护装置定值的基本方法。

3. 按特性分，微机型线路保护常用的阻抗测量元件有哪两类？分别画出其动作特性示意图。

4. 测试线路保护装置时，设定的故障前时间为何要求大于保护装置整组复归时间？若不满足这一要求会有什么结果？

5. 线路接地距离保护计算测量阻抗时为何要引入零序电流补偿系数？零序电流补偿系数的表示方式有哪两种？它们之间如何变换？

6. 什么是纵联保护？我国常用的线路纵联保护主要有哪些？

7. 对线路纵联保护进行单端测试时，纵联通道应如何设置？

8. 简述不对称故障相继速动保护的原理和测试思路。

9. 什么是低周保护？它应满足哪些基本要求？

10. 什么是工频变化量？简述获取工频变化量的基本方法。

11. 谈谈工频变化量距离保护的基本原理。

工作任务三 微机型变压器保护装置的功能测试

任 务 概 述

一、工作任务表

序号	任务内容	任 务 要 求	任务主要成果（可展示）
1	比率差动保护的测试	正确接线及设置压板状态，完成 RCS978E 变压器比率差动保护功能的测试	测试报告，包括结论
2	励磁涌流二次谐波制动系数的测试	正确接线及设置压板状态和涌流闭锁方式控制字等，完成 RCS978E 变压器比率差动保护二次谐波制动系数的测试	测试报告，包括结论
3	差动速断保护的测试	正确接线及设置压板状态，完成变压器差动速断保护功能的测试	测试报告，包括结论
4	相间后备保护的测试	正确接线及设置压板状态，完成变压器复压闭锁方向过电流保护的测试	测试方案概述，测试报告，包括结论
5	接地后备保护的测试	正确接线及设置压板状态，完成变压器零序方向过电流保护、间隙零序电流保护和零序过电压保护的测试	测试报告，包括结论

二、设备仪器

序号	设备或仪器名称及型号	备 注
1	PRC41B 线路保护柜（110kV）	南京南瑞继保电气有限公司
2	PRC78E 变压器保护柜（220kV）	南京南瑞继保电气有限公司
3	PRC02B 线路保护柜（220kV）	南京南瑞继保电气有限公司
4	PW31E、PW41E 继电保护测试仪	北京博电新力电气股份有限公司
5	螺丝刀、测试线	继电保护实训室提供
6	AD661、AD431 继电保护测试仪	广州昂立电气自动化有限公司

三、项目活动（步骤）

顺序	主要活动内容	时间安排
1	查阅 RCS978、PCS978 系列微机成套保护装置技术说明书，掌握变压器保护装置的功能配置及其基本工作原理	主要在课外完成
2	阅读 PRC78E、PPC78NE 微机型变压器保护柜的接线图，进一步熟悉保护柜的组成及接线等	课内完成
3	查阅继电保护的检验标准，掌握微机型变压器继电保护装置的检验项目与标准、测试内容及要求	主要在课外完成
4	根据测试项目，正确接线，投入保护柜的交流电压、直流电源空气开关，分别正确设置保护压板，按照检验标准的要求，依次完成变压器保护装置各主要功能的测试，填写相应的测试报告	主要在课内完成

工作子任务一　变压器比率差动保护的测试

［工作任务单］

变压器比率差动保护测试报告单（样单）

保护柜名称：

保护装置型号：

工作风险提示：触电、短路

比率差动保护的整定值及相关参数：

序号	定值或参数名称	数值	序号	定值或参数名称	数值
1	变压器容量		9	Ⅰ侧平衡系数	
2	TA 二次额定电流		10	Ⅱ侧平衡系数	
3	Ⅰ侧 TA1 一次侧		11	Ⅲ侧平衡系数	
4	Ⅱ侧 TA2 一次侧		12	Ⅰ侧二次额定电流	
5	Ⅲ侧 TA3 一次侧		13	Ⅱ侧二次额定电流	
6	差动启动定值		14	Ⅲ侧二次额定电流	
7	比率差动制动系数				
8	差动速断电流				

测试结果（部分）：

测试项目：保护装置＿＿＿侧与＿＿＿侧＿＿＿相差动元件

动作点序号	电流实测值			制动电流标么值	差动电流标么值		误差
	装置侧	有名值	标么值		实测值	整定值	
1	＿＿＿侧						
	＿＿＿侧						
2	＿＿＿侧						
	＿＿＿侧						
3	＿＿＿侧						
	＿＿＿侧						
4	＿＿＿侧						
	＿＿＿侧						
5	＿＿＿侧						
	＿＿＿侧						
6	＿＿＿侧						
	＿＿＿侧						

第一段折线斜率：

　　　实测值：　　　　，整定值：　　　　，误差（%）：

第二段折线斜率：

　　　实测值：　　　　，整定值：　　　　，误差（%）：

第三段折线斜率：

　　　实测值：　　　　，整定值：　　　　，误差（%）：

结论：

复原现场： □已复原　　□未复原
教师评定：
学习反思：

要求：

工作结束后必须复原现场，即将设备各部件、接线等完全恢复原状。

［知识链接一］

一、变压器保护柜及其功能配置

电力变压器通常需配置电气量保护装置和非电量保护装置。110kV 电力变压器一般装配包含电气量保护装置、非电量保护装置的保护柜一面；对于 220kV 电力变压器，其电气量保护常采用"主后一体，双主双后"的配置方案，即一台变压器装配两套主、后一体的电气量保护装置，分布于两面不同的保护柜内，常分别称为 A、B 柜，再加上包含有非电量保护装置的 C 柜，因此，220kV 电力变压器通常有三面保护柜。

一般地，变压器电气量保护装置配置的主要保护功能有：主保护为纵差动保护，包括比率差动保护和差动电流速断保护，有些型号的保护装置还配置工频变化量比率差动保护；后备保护采用复压闭锁过电流保护、阻抗保护（大接地电流系统侧）、零序过电流保护（大接地电流系统侧）、间隙零序过电流保护（大接地电流系统侧）和零序过电压保护等，异常运行保护主要为过负荷保护。对于三绕组变压器应分侧配置后备保护和过负荷保护。

以下的介绍说明，主要是围绕 RCS978 系列变压器保护装置来开展，尤其是涉及具体的保护装置时，均以 RCS978 系列变压器保护装置为例。其他型号的变压器保护装置在功能配置、技术特性、参数计算及设置等多个方面可能有所不同，测试时（尤其是测试比率差动保护时）一些有关参数的计算、设定等也不完全相同，应以具体型号保护装置的技术说明书为准，采用合适的试验接线、测试方法等。

二、微机型变压器差动保护的构成及实现原理

（一）构成原理

变压器纵差动保护是用来反映绕组及其引出线相间短路、绕组匝间短路、大接地电流系统侧绕组及其引出线接地短路等故障类型。为了能可靠地躲开外部故障的不平衡电流，提高内部短路故障时的灵敏性，可采用具有比率制动特性的差动元件来构成纵差动保护，常简称为比率差动保护，变压器比率差动保护主要由分相差动元件和励磁涌流判别元件两部分构成。对于内部故障，比率差动保护的灵敏度高，但当变压器内部发生严重短路故障

时，由于电流互感器饱和、电流波形畸变导致涌流判别元件可能误将比率差动保护闭锁，造成保护拒动或延缓动作，为此，微机型变压器差动保护还配置差动电流速断保护。变压器差动电流速断保护的动作电流按躲开励磁涌流来整定，只反映差动电流的有效值，不需要进行励磁涌流的判别，其动作速度快，但灵敏度低，不能单独作主保护。

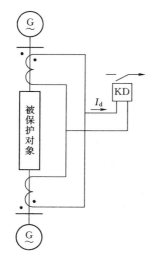

图 2-28　差动保护原理图

以两端元件的被保护对象为例，纵差动保护的基本原理接线如图 2-28 所示，构成纵差动保护的理论基础是基尔霍夫电流定律，正常运行或外部故障时流入被保护对象的电流等于流出的电流，即满足 $\sum \dot{I} = 0$ 的条件，差动电流 $I_d = 0$，保护不会动作；而内部故障时，由于被保护对象内部出现了新支路——故障点，使得流入电流不等于流出电流即出现了所谓的差流，差动电流很大，保护动作。原理上，纵差动保护动作具有绝对的选择性，因此，纵差动保护是目前配置变压器、发电机等贵重电力设备以及重要母线和输电线路主保护的最佳方案。

（二）在变压器上实现纵差动保护的技术难点

与发电机、母线和线路等设备不同，变压器回路既包含电路，也包含磁路，因此，在变压器上实现纵差动保护需要解决的技术难点相对较多，除励磁涌流外，主要还有：

（1）变压器各侧电流的相位不相同。电力变压器常用的接线方式主要有 Yn0d11、Yn0yn0d11 等方式，由于绕组连接组别不同，各侧电流的相位也就不相同。

（2）变压器各侧电流的大小不相等。若不考虑本身的损耗，正常运行时流入变压器的功率等于流出功率。由于各侧的电压高低不相同，所以各侧电流的大小也不相等。

由于上述原因，若不采取措施，则正常运行或外部故障时流进、流出变压器的电流不满足 $\sum \dot{I} = 0$ 的条件，即差动电流 $I_d \neq 0$，保护可能会误动作。

（三）解决措施

为保证正常运行及外部故障时保护不会误动，微机型变压器纵差动保护通常采用软件方法来对各侧电流进行调整，以消除上述两个因素引起的不平衡电流，因此，变压器各侧电流互感器二次侧均采用星形接线，其二次侧电流直接接入保护装置。

1. 变压器 Y（星形）、△（三角形）两侧电流相位的校正方法

对于绕组连接组别不同造成的各侧电流相位不同，采用软件来相位校正（即所谓的"内转角""软补偿"），方式有 Y→△和△→Y 两种，以常见 Yn0d11 接线的变压器为例，具体如下。

（1）Y→△相位校正方式。微机型变压器差动保护 Y→△相位校正方式是指电流的相位校正在星形侧进行，就是在装置内部由保护软件算法将变压器星形侧用于计算差动电流 I_d 和制动电流 I_r 的电流相位进行调整，使与三角形侧对应相的电流相位一致，即以三角形侧电流相位为基准，算法如下：

$$\left.\begin{array}{l} \dot{I}'_{\mathrm{a\cdot Y}}=(\dot{I}_{\mathrm{a\cdot Y}}-\dot{I}_{\mathrm{b\cdot Y}})/\sqrt{3} \\ \dot{I}'_{\mathrm{b\cdot Y}}=(\dot{I}_{\mathrm{b\cdot Y}}-\dot{I}_{\mathrm{c\cdot Y}})/\sqrt{3} \\ \dot{I}'_{\mathrm{c\cdot Y}}=(\dot{I}_{\mathrm{c\cdot Y}}-\dot{I}_{\mathrm{a\cdot Y}})/\sqrt{3} \end{array}\right\} \qquad (2-1)$$

星形侧

三角形侧

$$\left.\begin{array}{l} \dot{I}'_{\mathrm{a\cdot\triangle}}=\dot{I}_{\mathrm{a\cdot\triangle}} \\ \dot{I}'_{\mathrm{b\cdot\triangle}}=\dot{I}_{\mathrm{b\cdot\triangle}} \\ \dot{I}'_{\mathrm{c\cdot\triangle}}=\dot{I}_{\mathrm{c\cdot\triangle}} \end{array}\right\} \qquad (2-2)$$

式中：$\dot{I}_{\mathrm{a\cdot Y}}$、$\dot{I}_{\mathrm{b\cdot Y}}$、$\dot{I}_{\mathrm{c\cdot Y}}$为变压器星形侧电流互感器二次电流；$\dot{I}'_{\mathrm{a\cdot Y}}$、$\dot{I}'_{\mathrm{b\cdot Y}}$、$\dot{I}'_{\mathrm{c\cdot Y}}$为经相位校正后变压器星形侧的各相电流；$\dot{I}_{\mathrm{a\cdot\triangle}}$、$\dot{I}_{\mathrm{b\cdot\triangle}}$、$\dot{I}_{\mathrm{c\cdot\triangle}}$为变压器三角形侧电流互感器二次电流；$\dot{I}'_{\mathrm{a\cdot\triangle}}$、$\dot{I}'_{\mathrm{b\cdot\triangle}}$、$\dot{I}'_{\mathrm{c\cdot\triangle}}$为经相位校正后变压器三角形侧的各相电流。

由于变压器的星形侧通常为高压侧，所以这种相位校正方式也常称为"移相"或"转角"在高压侧进行。目前，采用这种相位校正方式的变压器保护装置较多，如四方继保 CST31 型、许继电气 WBZ500H 型、国电南自 PST1200 型、南瑞继保 RCS985 型等。

（2）△→Y 相位校正方式。与上述 Y→△方式相反，△→Y 方式则是指电流的相位校正在三角形侧进行，即在装置内部由保护软件算法将变压器三角形侧用于计算差动电流 I_{d} 和制动电流 I_{r} 的电流相位进行调整，使与星形侧对应相的电流相位一致，即以星形侧电流相位为基准算法如下：

星形侧

$$\left.\begin{array}{l} \dot{I}'_{\mathrm{a\cdot Y}}=(\dot{I}_{\mathrm{a\cdot Y}}-\dot{I}_{0}) \\ \dot{I}'_{\mathrm{b\cdot Y}}=(\dot{I}_{\mathrm{b\cdot Y}}-\dot{I}_{0}) \\ \dot{I}'_{\mathrm{c\cdot Y}}=(\dot{I}_{\mathrm{c\cdot Y}}-\dot{I}_{0}) \end{array}\right\} \qquad (2-3)$$

三角形侧

$$\left.\begin{array}{l} \dot{I}'_{\mathrm{a\cdot\triangle}}=(\dot{I}_{\mathrm{a\cdot\triangle}}-\dot{I}_{\mathrm{c\cdot\triangle}})/\sqrt{3} \\ \dot{I}'_{\mathrm{b\cdot\triangle}}=(\dot{I}_{\mathrm{b\cdot\triangle}}-\dot{I}_{\mathrm{a\cdot\triangle}})/\sqrt{3} \\ \dot{I}'_{\mathrm{c\cdot\triangle}}=(\dot{I}_{\mathrm{c\cdot\triangle}}-\dot{I}_{\mathrm{b\cdot\triangle}})/\sqrt{3} \end{array}\right\} \qquad (2-4)$$

式中：$\dot{I}_{0}$ 为变压器星形侧零序二次电流。

由于变压器的三角形侧通常为低压侧，所以，这种相位校正方式也常称为"移相"或"转角"在低压侧进行。目前，国产的微机型变压器保护装置中，差动保护采用这种相位校正方式的较少。RCS - 978 型变压器保护装置的差动保护就采用这种△→Y 相位校正方式。

△→Y 相位校正方式中，变压器星形侧用于计算差动电流 I_{d} 和制动电流 I_{r} 的各相电流需先减去本侧零序电流，即进行零序电流补偿的主要目的是防止变压器大接地电流系统侧外部发生接地短路故障时，由于零序电流的影响而引起差动保护的误动。

以上两种 Yn0d11 接线变压器两侧电流相位校正方式的原理相量图如图 2 - 29 所示，可见，经相位校正后，正常运行及外部故障时，差动回路两侧电流之间的相位相同。

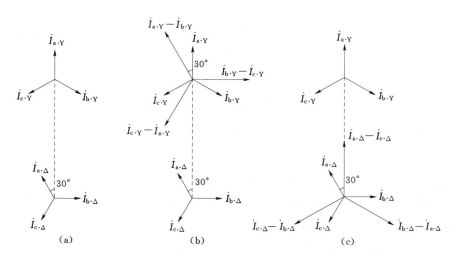

图 2 - 29　Yn0d11 接线变压器电流相位校正相量图

(a) 未校正前 Yn0d11 两侧电流相位关系；(b) Y→△相位校正方式；(c) △→Y 相位校正方式

2. 变压器各侧电流大小的调整方法

对于变压器各侧电流大小不相等，微机型变压器差动保护也采用软件进行电流大小调整，方法是：引入平衡系数 K_{ph} 来实现对各侧电流大小平衡的调整，一些型号的保护装置可以根据系统参数自动计算出各侧电流平衡系数，具体计算方法可参见保护装置的技术说明书。计算差动电流和制动电流时，各侧电流除了要进行相位校正或零序电流补偿外，还要乘以本侧的平衡系数。

（四）差动电流和制动电流的计算

变压器各侧电流经过相位校正或零序电流补偿和大小调整后得到的电流可简称为经差动调整后电流。微机型变压器差动保护的差动电流 I_d 以及制动电流 I_r 由变压器各侧经差动调整后电流按预先规定式子计算得到，且采用分相计算方式。

1. 差动电流 I_d 的计算

双绕组变压器

$$I_{d \cdot \varphi} = |\dot{I}_{h \cdot \varphi} + \dot{I}_{l \cdot \varphi}| \qquad (2-5)$$

三绕组变压器

$$I_{d \cdot \varphi} = |\dot{I}_{h \cdot \varphi} + \dot{I}_{m \cdot \varphi} + \dot{I}_{l \cdot \varphi}| \qquad (2-6)$$

式中：$I_{d \cdot \varphi}$ 为某一相的差动电流，φ 表示相别，即 $\varphi = $ A、B、C（以下同）；$\dot{I}_{h \cdot \varphi}$、$\dot{I}_{m \cdot \varphi}$、$\dot{I}_{l \cdot \varphi}$ 分别为变压器高、中、低压侧同名相的经差动调整后电流（以下同）。

2. 制动电流 I_r 的计算

国产微机型变压器差动保护的差动电流均按上述两式计算得到，但制动电流的计算式子，不同型号的保护装置则可能不同。

对于双绕组变压器，制动电流主要有以下几种计算方法

$$I_{r \cdot \varphi} = |\dot{I}_{h \cdot \varphi} - \dot{I}_{l \cdot \varphi}|/2 \qquad (2-7)$$

$$I_{\mathrm{r}.\varphi}=(\mid\dot{I}_{\mathrm{h}.\varphi}\mid+\mid\dot{I}_{\mathrm{l}.\varphi}\mid)/2 \qquad (2-8)$$

$$I_{\mathrm{r}.\varphi}=\max\{\mid\dot{I}_{\mathrm{h}.\varphi}\mid,\mid\dot{I}_{\mathrm{l}.\varphi}\mid\} \qquad (2-9)$$

$$I_{\mathrm{r}.\varphi}=\mid I_{\mathrm{d}.\varphi}-\mid\dot{I}_{\mathrm{h}.\varphi}\mid-\mid\dot{I}_{\mathrm{l}.\varphi}\mid\mid/2 \qquad (2-10)$$

$$I_{\mathrm{r}.\varphi}=\mid\dot{I}_{\mathrm{l}.\varphi}\mid \qquad (2-11)$$

$$I_{\mathrm{r}.\varphi}=\frac{1}{2}\mid\dot{I}_{\varphi.\max}-\sum\dot{I}\mid \qquad (2-12)$$

对于三绕组变压器，制动电流主要有以下几种计算方法：

$$I_{\mathrm{r}.\varphi}=(\mid\dot{I}_{\mathrm{h}.\varphi}\mid+\mid\dot{I}_{\mathrm{m}.\varphi}\mid+\mid\dot{I}_{\mathrm{l}.\varphi}\mid)/2 \qquad (2-13)$$

$$I_{\mathrm{r}.\varphi}=\max\{\mid\dot{I}_{\mathrm{h}.\varphi}\mid,\mid\dot{I}_{\mathrm{m}.\varphi}\mid,\mid\dot{I}_{\mathrm{l}.\varphi}\mid\} \qquad (2-14)$$

$$I_{\mathrm{r}.\varphi}=\max\{\mid\dot{I}_{\mathrm{m}.\varphi}\mid,\mid\dot{I}_{\mathrm{l}.\varphi}\mid\} \qquad (2-15)$$

$$I_{\mathrm{r}.\varphi}=\mid I_{\mathrm{d}.\varphi}-\mid\dot{I}_{\mathrm{h}.\varphi}\mid-\mid\dot{I}_{\mathrm{m}.\varphi}\mid-\mid\dot{I}_{\mathrm{l}.\varphi}\mid\mid/2 \qquad (2-16)$$

$$I_{\mathrm{r}.\varphi}=\frac{1}{2}\mid\dot{I}_{\varphi.\max}-\sum\dot{I}\mid \qquad (2-17)$$

以上各式中，$I_{\mathrm{r}.\varphi}$为某一相的制动电流。对于式（2-12）和式（2-17），$\dot{i}_{\varphi.\max}$为所有侧中最大的相电流相量；$\sum\dot{I}$为其他各侧（不包括电流最大侧）电流相量之和。

（五）变压器比率差动保护的逻辑框图和动作特性

变压器比率差动保护的逻辑框图如图 2-30 所示。保护运行时，分相计算出 A、B、C 三相差动电流和制动电流，并对各相的差动电流和制动电流进行判断，当任一相的差动电流和制动电流满足差动元件的动作条件，且无其他闭锁（如励磁涌流闭锁、TA 饱和判别闭锁、TA 断线闭锁等）时，保护则动作出口。

从图 2-30 可看出，变压器比率差动保护主要由分相式差动元件和励磁涌流判别闭锁元件组成，其中，差动元件是保护的核心元件，其动作特性可用曲线表示，如图 2-31 所示，国产微机型变压器差动保护的差动元件动作特性曲线具有二段或三段折线，差动元件的动作区位于动作特性曲线的上方（理论上为阴影部分），当某一相的差动电流和制动电流所定的点落于动作区内，且无任何闭锁条件（如涌流闭锁、TA 断线闭锁等）满足时，该相差动元件动作，即比率差动保护动作；若差动电流很大，大于差动电流速断保护定值 I_{sd} 时，差动电流和制动电流所定的点落在 I_{sd} 直线的上方，不经励磁涌流判别闭锁，差动速断保护即动作出口。

三、变压器比率差动保护的测试

（一）概述

从图 2-30 可知，变压器差动保护的检验项目应包括比率差动保护、励磁涌流判别功能和差动速断保护三方面的测试。在此，首先介绍比率差动保护的测试方法。

使用微机继电保护测试仪，既可手动测试变压器比率差动保护，也可采用自动测试方法。自动测试就是测试仪根据差动电流、制动电流计算式以及平衡系数等参数，按用户预先设定的电流变化步长，自动计算和改变加入装置各侧的电流大小，以逐步逼近和找到比

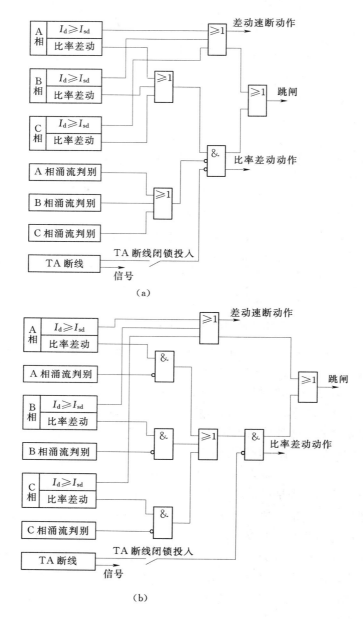

图 2-30 变压器比率差动保护逻辑框图

（a）"或"门涌流闭锁式；（b）分相涌流闭锁式

率差动保护的实际动作值，有些型号的测试仪甚至还可以自动计算出误差或实际动作曲线的斜率（制动系数），测试工作量小，本书只介绍自动测试方法。

测试时若使用能提供六路电流输出的测试仪，则试验接线只需按相序将测试仪两组三相电流输出分别接至保护装置两侧三相即可，而且采用自动测试时所需设置的参数也较少，一次能同时完成两侧三相差动的测试，测试效率高；而若使用仅提供三路电流输出的测试仪，保护装置每一侧只能加入一相或两相电流，试验接线需考虑的因素较多，自动测

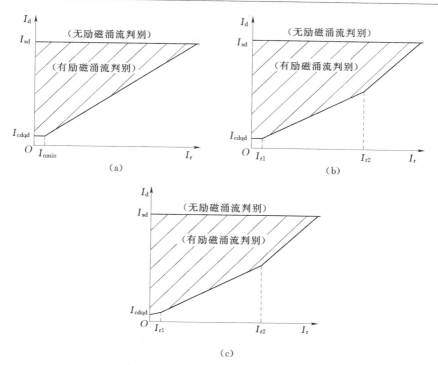

图 2-31　变压器差动元件动作特性

（a）二段折线式；（b）三段折线式 1；（c）三段折线式 2

试时所需设置的参数也相对较多，一次只能完成两侧一相或两相差动的测试，需分相、分侧（三圈变）进行测试，测试效率低。考虑到如果能正确使用三路电流测试仪测试变压器比率差动保护，则使用六路电流测试仪完成测试自然不在话下，同时，目前三路电流测试仪更为多见，因此，在这里，以某三绕组变压器（参数见表 2-1）为例，介绍使用三路电流测试仪测试该变压器的比率差动保护动作特性时的试验接线方法。

表 2-1　　　　　　　　　　　　　某三绕组变压器参数

参 数 名 称	高压侧（Ⅰ侧）	中压侧（Ⅱ侧）	低压侧（Ⅲ侧）
额定容量 S_n/(MV·A)	180		
电压等级 U_n/kV	220	115	10.5
绕组接线方式	星形，Yn0	星形，Yn0	三角形，d11
TA 变比 n_{TA}	1200/5	1250/5	3000/5
变压器一次额定电流	472A	904A	9897A
变压器二次额定电流 I_n/A	1.965	3.610	16.495

（二）试验接线方法

使用三路电流测试仪测试变压器比率差动保护时，尤其是采用自动测试时，正确接线是保证测试工作顺利进行的关键。试验接线与差动保护的相位校正方式、待测试两侧绕组接线组别等因素有关。下面将以测试 A 相差动为例，分析试验正解接线的方法。

1. 测试 Y→△相位校正方式的变压器差动保护试验接线

（1）在 Y - Y 两侧测试。若在任一 Y 侧 A 相加入电流，大小为 I_*（标么值，以本侧二次额定电流为基准值，以下同），根据 Y→△移相方式，代入式（2-1），则有

$$|\dot{I}'_{a \cdot Y}| = I_* / \sqrt{3}$$

$$|\dot{I}'_{b \cdot Y}| = 0$$

$$|\dot{I}'_{c \cdot Y}| = I_* / \sqrt{3}$$

即 C 相会受到影响，另外，可以看出 A 相 $\dot{I}'_{a \cdot Y}$ 和 C 相 $\dot{I}'_{c \cdot Y}$ 的标么值大小相等，但相位相反，因此，若在两侧 A 相同时加入标么值大小相等、相位相反的电流，则装置三相均应无差流。

由上述分析可知，在 Y - Y 两侧对某一相进行测试时，两侧均应采用的接线方式是：电流从该相电流输入回路正极性端流入，从该相的负极性端流回测试仪。图 2-32 所示为测试 Ⅰ、Ⅱ即 Y - Y 两侧 A 相差动元件的接线图，对其他相进行测试时可按表 2-2 接线。

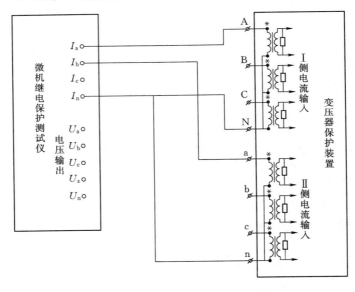

图 2-32　在 Y - Y 两侧测试 A 相差动元件的试验接线

（Y→△相位校正方式）

表 2-2　　　　Y→△相位校正方式下在 Y - Y 两侧分相测试差动的接线表

测试项目	保护装置 Ⅰ 侧（变压器 Y 侧）				保护装置 Ⅱ 侧（变压器 Y 侧）			
	A 相端子	B 相端子	C 相端子	N 相端子	a 相端子	b 相端子	c 相端子	n 相端子
A 相差动元件	测试仪 I_a			测试仪 I_n	测试仪 I_b			测试仪 I_n
B 相差动元件		测试仪 I_a		测试仪 I_n		测试仪 I_b		测试仪 I_n
C 相差动元件			测试仪 I_a	测试仪 I_n			测试仪 I_b	测试仪 I_n

（2）在 Y-△两侧测试。若在 Y 侧（如 I 侧）A 相加入大小为 $\sqrt{3}I_*$ 的电流，代入式（2-1），则有

$$|\dot{I}'_{\text{a.Y}}| = I_*$$

$$|\dot{I}'_{\text{b.Y}}| = 0$$

$$|\dot{I}'_{\text{c.Y}}| = I_*$$

Y 侧 A 相 $\dot{I}'_{\text{a.Y}}$ 和 C 相 $\dot{I}'_{\text{c.Y}}$ 仍是标么值大小相等、相位相反。而在△侧即 III 侧的 A 相加入大小为 I_* 的电流，代入式（2-2），则有

$$|\dot{I}'_{\text{a.}\triangle}| = I_*$$

$$\dot{I}'_{\text{b.}\triangle} = \dot{I}'_{\text{c.}\triangle} = 0$$

　　可见，C 相也会受到影响，在测试 A 相差动元件时，可能造成 C 相差动元件抢先动作，影响 A 相的测试结果。解决这一问题的方法之一是采用合适的接线方式：对于 Y 侧（I 或 II 侧），应使电流从 A 相电流输入回路的正极性端流入，从其负极性端流回测试仪；而在△侧，应使电流从 a 相电流输入回路的正极性端流入，流出后进入 c 相的负极性端，从 c 相正极性端流回测试仪。图 2-33 所示为测试 I、III 即 Y-△两侧 A 相差动元件的接线图，对其他相进行测试时可按表 2-3 接线。

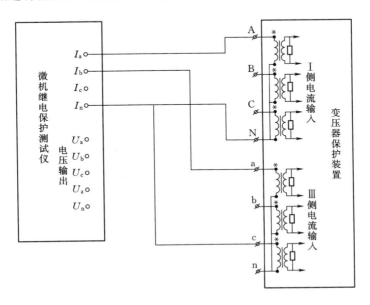

图 2-33　在 Y-△两侧测试 A 相差动元件的试验接线

（Y→△相位校正方式）

表 2 - 3　　　　　**Y→△相位校正方式下在 Y -△两侧分相测试差动的接线表**

测试项目	保护装置 I 或者 II 侧（变压器 Y 侧）				保护装置 III 侧（变压器△侧）			
	A 相端子	B 相端子	C 相端子	N 相端子	a 相端子	b 相端子	c 相端子	n 相端子
A 相差动元件	测试仪 I_a			测试仪 I_n	测试仪 I_b		测试仪 I_n	
B 相差动元件		测试仪 I_a		测试仪 I_n	测试仪 I_n	测试仪 I_b		
C 相差动元件			测试仪 I_a	测试仪 I_n		测试仪 I_n	测试仪 I_b	

按上述方式接线，若在△侧即 III 侧的 A 相加入大小仍为 I_* 的电流，代入式（2 - 2），则有

$$|\dot{I}'_{a \cdot \triangle}| = I_*$$

$$|\dot{I}'_{b \cdot \triangle}| = 0$$

$$|\dot{I}'_{c \cdot \triangle}| = I_*$$

注意：此时△侧 A 相 $\dot{I}'_{a \cdot \triangle}$ 和 C 相 $\dot{I}'_{c \cdot \triangle}$ 也是标么值大小相等、相位相反。因此，若在 Y -△两侧如 I 与 III 两侧同时加入相位相反的电流，且 Y 侧（ I 侧）电流大小为 $\sqrt{3}I_*$、△侧（ III 侧）电流大小为 I_*，则装置三相均应无差流。

另外，还可以看出：采用上述方式接线，无论是在 Y - Y 两侧测试还是在 Y -△两侧测试，每一次试验实际上是同时对两相的差动元件进行了测试。比如在对 A 相进行测试时，实际上是对 A、C 两相进行同时测试。

2. 测试△→Y 相位校正方式的变压器差动保护试验接线

（1）在 Y - Y 两侧测试。若在任一 Y 侧 A 相加入电流，大小为 I_*。由于

$$\dot{I}_0 = \frac{1}{3}(\dot{I}_{a \cdot Y} + \dot{I}_{b \cdot Y} + \dot{I}_{c \cdot Y}) = \frac{1}{3}\dot{I}_{a \cdot Y}$$

所以，根据△→Y 移相方式，代入式（2 - 3），则有

$$|\dot{I}'_{a \cdot Y}| = \frac{2}{3}I_*$$

$$|\dot{I}'_{b \cdot Y}| = \frac{1}{3}I_*$$

$$|\dot{I}'_{c \cdot Y}| = \frac{1}{3}I_*$$

可见，由于 Y 侧采取了零序电流补偿，在存在零序电流的情况下，测试 A 相时，其他非测试相 B、C 两相会受到影响，使试验难以进行。为此，可以采用一种接线方式来解决：电流从 A 相电流输入回路的正极性端流入，流出后进入 B 相的负极性端，并从 B 相的正极性端流回测试仪。图 2 - 34 所示为测试 I、II 即 Y - Y 两侧 A 相差动元件的接线图，对其他相进行测试时可按表 2 - 4 接线。

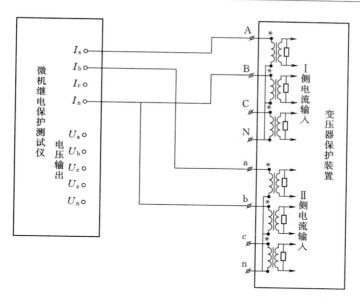

图 2-34　在 Y-Y 两侧测试 A 相差动元件的试验接线

（△→Y 相位校正方式）

表 2-4　　　　　△→Y 相位校正方式下在 Y-Y 两侧分相测试差动的接线表

测试项目	保护装置 I 侧（变压器 Y 侧）				保护装置 II 侧（变压器 Y 侧）			
	A 相端子	B 相端子	C 相端子	N 相端子	a 相端子	b 相端子	c 相端子	n 相端子
A 相差动元件	测试仪 I_a	测试仪 I_n			测试仪 I_b	测试仪 I_n		
B 相差动元件		测试仪 I_a	测试仪 I_n			测试仪 I_b	测试仪 I_n	
C 相差动元件	测试仪 I_n		测试仪 I_a		测试仪 I_n		测试仪 I_b	

按上述方式接线，若在 Y 侧即 I 或 II 侧的 A 相加入大小仍为 I_* 的电流，代入式（2-3），则有

$$\dot I_0 = \frac{1}{3}(\dot I_{a \cdot Y} + \dot I_{b \cdot Y} + \dot I_{c \cdot Y}) = \frac{1}{3}[\dot I_* + (-\dot I_*) + 0] = 0$$

所以，有

$$\dot I'_{a \cdot Y} = \dot I_*$$

$$\dot I'_{b \cdot Y} = -\dot I_*$$

$$\dot I'_{c \cdot Y} = 0$$

注意：以上两式中 $\dot I'_{a \cdot Y}$ 和 $\dot I'_{b \cdot Y}$ 的大小相等，但相位相反。因此，若在 Y-Y 即 I、II 两侧同时加入标么值大小相等、相位相反的电流，则装置三相均应无差流。

（2）在 △-Y 两侧测试。为消除零序电流，Y 侧的电流输入仍需按上述方式接线。而若在 △侧即 III 侧的 A 相加入大小为 I_* 的电流，代入式（2-4），则有

$$\dot{I}'_{a.\triangle} = \dot{I}_* / \sqrt{3}$$

$$\dot{I}'_{b.\triangle} = -\dot{I}_* / \sqrt{3}$$

$$\dot{I}'_{c.\triangle} = 0$$

注意：以上两式中 $\dot{I}'_{a.\triangle}$ 和 $\dot{I}'_{b.\triangle}$ 的大小相等，但相位相反。

综合上述分析可知，在 Y-△ 两侧测试 A 相差动时，应采用的一种接线方式是：对于 Y 侧（Ⅰ或Ⅱ侧），应使电流从 A 相电流输入回路的正极性端流入，流出后进入 B 相的负极性端，并从 B 相的正极性端流回测试仪；而在△侧，应使电流从 a 相电流输入回路的正极性端流入，从其负极性端流回测试仪。图 2-35 所示为测试Ⅰ、Ⅲ即 Y-△ 两侧 A 相差动元件的接线图，对其他相进行测试时可按表 2-5 接线。

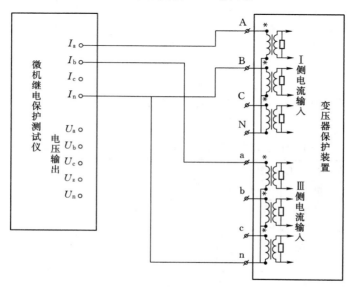

图 2-35 在 Y-△ 两侧测试 A 相差动元件的试验接线

（△→Y 相位校正方式）

表 2-5 △→Y 相位校正方式下在 Y-△ 两侧分相测试差动的接线表

测试项目	保护装置Ⅰ或者Ⅱ侧（变压器 Y 侧）				保护装置Ⅲ侧（变压器△侧）			
	A 相端子	B 相端子	C 相端子	N 相端子	a 相端子	b 相端子	c 相端子	n 相端子
A 相差动元件	测试仪 I_a	测试仪 I_n			测试仪 I_b			测试仪 I_n
B 相差动元件		测试仪 I_a	测试仪 I_n			测试仪 I_b		测试仪 I_n
C 相差动元件	测试仪 I_n		测试仪 I_a				测试仪 I_b	测试仪 I_n

按上述方式接线，若在 Y-△ 两侧如Ⅰ与Ⅲ两侧同时加入相位相反的电流，且 Y 侧（Ⅰ侧）电流大小为 I_*、△侧（Ⅲ侧）电流大小为 $\sqrt{3}I_*$，则装置三相均应无差流。

同时，还可以看出：采用上述方式接线，无论是在 Y－Y 两侧测试还是在 Y－△ 两侧测试，每一次试验实际上也是同时对两相的差动元件进行了测试。比如在对 A 相进行测试时，实际上是对 A、B 两相进行同时测试。

（三）示例

用三路电流测试仪测试 RCS－978E 型变压器稳态比率差动保护如下。

1. RCS－978E 型变压器稳态比率差动保护简介

RCS－978 系列变压器保护装置主要适用于 220kV 及以上电压等级的电力变压器，它采用了"主后一体"的设计，可以提供一台变压器所需要的包括稳态比率差动保护在内的全部电量保护，可满足对 220kV 及以上变压器实现"双主双后"的保护配置要求。

RCS－978E 型变压器稳态比率差动保护动作特性曲线具有三段折线，与图 2－31（c）类似，其中，$I_{r.1}=0.5I_e$，$I_{r.2}=6I_e$，I_e 为变压器二次额定电流。稳态低值比率差动元件对应的动作方程如下：

$$\left.\begin{array}{l} I_d>0.2I_r+I_{cdqd}, I_r \leqslant 0.5I_e \\ I_d>K_{bl}(I_r-0.5I_e)+0.1I_e+I_{cdqd}, 0.5I_e \leqslant I_r \leqslant 6I_e \\ I_d>0.75(I_r-6I_e)+K_{bl}(5.5I_e)+0.1I_e+I_{cdqd}, I_r>6I_e \end{array}\right\} \qquad (2-18)$$

式中：I_d 为差动电流，按式（2－6）计算；I_r 为制动电流，按式（2－13）计算；I_{cdqd} 为差动启动电流，取值范围为（0.1～1.5）I_e；K_{bl} 为比率差动制动系数，取值范围为 0.2～0.75，通常推荐取 $K_{bl}=0.5$。根据动作方程不难看出，RCS－978E 型变压器稳态比率差动保护动作特性曲线的第一段折线斜率为 0.2，第二段折线的斜率为 K_{bl}，最后一段折线的斜率则为 0.75。

RCS－978E 型变压器比率差动保护利用软件方法对各侧电流进行大小的调整和相位的校正，因此，变压器各侧电流互感器均采用 Y 接线，其二次电流直接接入保护装置。

RCS－978E 型稳态比率差动保护采用△→Y 方式完成电流相位的校正，即在计算差动电流和制动电流前，变压器 Y 侧电流按式（2－3）进行零序电流补偿，而△侧电流按式（2－4）进行相位校正。

RCS－978E 型稳态比率差动保护用以对电流大小进行调整的平衡系数，由装置自动计算得到，可以通过装置的主菜单下"打印报告"→"定值"→"差动计算定值"将其打印出来，或通过保护装置的辅助调试软件 DBG2000 查看。表 2－1 中的三绕组变压器采用 RCS－978E 型稳态比率差动保护时，其差动计算定值的一部分数据见表 2－6。

表 2－6　　　　　　　　　　差　动　计　算　定　值

序号	定值名称	数　值	序号	定值名称	数　值
1	Ⅰ侧平衡系数	4.0	4	Ⅰ侧二次额定电流	1.965A
2	Ⅱ侧平衡系数	2.177	5	Ⅱ侧二次额定电流	3.610A
3	Ⅲ侧平衡系数	0.476	6	Ⅲ侧二次额定电流	16.495A

2. 测试方法

以表 2－1 中的三绕组变压器为例，若其配置 RCS－978E 型稳态比率差动保护。在此，介绍利用提供三路电流的 PW 系列测试仪，分别在 Y－Y 两侧和 Y－△ 两侧对 A 相比率差动进行测试的方法。与测试相关的主保护定值见表 2－7。

表 2－7　　　　　　　　　　相 关 的 主 保 护 定 值

序号	定值名称	数　值	序号	定值名称	数　值
1	差动启动电流	$0.3I_e$	4	三次谐波制动系数	0.20
2	比率差动制动系数	0.50	5	差动速断电流	$6.0I_e$
3	二次谐波制动系数	0.15	6	TA报警差流定值	$0.2I_e$

　　测试前，应正确设置保护压板：仅投入差动保护压板，主保护运行方式控制字中，"比率差动投入"应为"1"。

　　测试的步骤和方法如下：

　　（1）在Ⅰ-Ⅱ即Y-Y两侧测试。

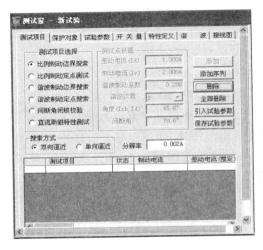

图 2－36　"测试项目"页面的设置

　　1）正确设接线。如前所述，根据RCS978装置的△→Y电流相位校正方式，Ⅰ-Ⅱ两侧均应采用的试验接线为：使电流从一相电流输入回路的正极性端流入，流出后进入滞后该相的另一相的负极性端，从其正极性端流回测试仪。即测试A相差动，则试验电流应按图 2-21 接线，测试仪的电流输出"I_a"接至保护装置的Ⅰ侧，"I_b"接至装置的Ⅱ侧。同时，还应将保护动作出口跳高、中、低三侧断路器中的任一接点接至测试仪的某一对开关量输入，如开入A。

　　需要注意的是：无论在哪一侧对哪一相进行测试，均应按PW系列测试仪要求，将测试仪的电流输出"I_a"接至装置的"高压侧"，而"I_b"接至装置的"低压侧"。

　　2）启动测试仪的软件 PowerAdvance，并点击选择"差动保护"测试模块。

　　3）在"测试项目"页面内选中"比例制动边界搜索"一项，"搜索方式"选双向逼近，"分辨率"为 0.002A，如图 2-36 所示。

　　4）"保护对象"页面应按以下方式设置：

　　a）"CT极性定义"选取内部故障为正极性。

　　b）"绕组数"选中 2。

　　c）在"被保护设备参数"中，"高压侧""低压侧"的"接线方式"均取 Y0。

　　d）"平衡系数设置方式"选取直接设置平衡系数，此时，"高压侧"的"平衡系数"应取为 1，即以高压侧基准侧；"低压侧"则取为保护装置差动计算定值中的Ⅱ侧平衡系数/Ⅰ侧平衡系数，即 2.177/4.0＝0.544。

　　e）由于变压器Ⅰ、Ⅱ两侧绕组接线组别相同，电流互感器二次电流相位不需要调整，所以，应将"TA二次电流相位由软件调整"前面的"√"去掉。

具体设置如图 2 - 37 所示。

5）"试验参数"页面应按以下方式设置：

a）根据 RCS978 装置稳态比率差动保护制动电流计算式，在"计算公式"中，应选中微机差动，且"$I_r=$"一项应选取"$(|I_h|+|I_l|)/k$"，"$k=$"为 2。

b）"时间"一栏的设置："最长测试时间"取 0.1s，"保持时间"可取 0.05s，"输出间断时间"可取 0.2s。

c）"整定值"一栏的设置方法应如下：测试仪中的"差动电流门槛值"实际上是与保护装置的差动启动电流对应，所以，应取为 $0.3I_e$ $=0.3\times1.965A=0.590A$，其中，I_e 应按等于基准侧—高压侧即 I 侧的二次额定电流取值。

"差动电流速断值"即为保护装置的差动速断电流，为 $6.0I_e=6.0\times1.965A=11.79A$。

"基波比例制动系数"是指保护装置比率差动制动系数 K_{bl}，所以，应填入 0.5。

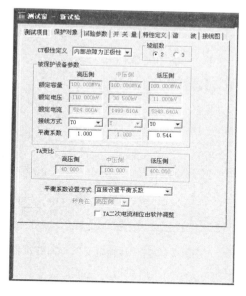

图 2 - 37　"保护对象"页面的设置

"整定动作时间"和"谐波制动系数"两项不做更改，不会影响本项目的测试结果。

具体设置如图 2 - 38 所示。

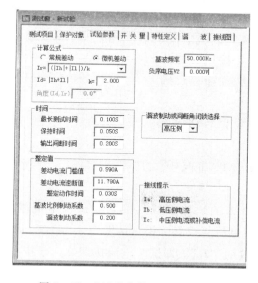

图 2 - 38　"试验参数"页面的设置

6）"特性定义"页面应按以下方式设置：如图 2 - 31（c）所示，RCS - 978E 型变压器稳态比率差动保护动作特性曲线有三个拐点，分别为 0、$I_{r.1}(0.5I_e)$、$I_{r.2}(6I_e)$，所以，"制动曲线定义"中应同时勾选 3 个拐点，其中，"拐点 1"的"拐点整定值"等于 0，斜率为 0.2；"拐点 2"的"拐点整定值"等于 $0.5I_e$ $=0.5\times1.965A=0.983A$，斜率等于比率差动制动系数 K_{bl}，本例为 0.5；"拐点 3"的"拐点整定值"等于 $6I_e=6\times1.965A=11.79A$，斜率等于 0.75，如图 2 - 39 所示。设置完成后，单击"应用"按钮，标准的比率差动保护动作特性曲线图形将在窗口的右侧显示出来，如图 2 - 40 所示。

7）回到"测试项目"页并点击"添加序列"按钮，将弹出"比例制动边界搜索线"对话框。为能搜索到第一段折线，"变化始值"应小于第二个拐点的整定值 0.983A，可取为 0.8A；对于"变化终值"的取值，应综合考虑稳态比率差动保护与差动速断保护动作区的分界线，以及测试仪电流输出的能力。本例取 18A，"变化步长"可取 2A，如图 2-41 所示。

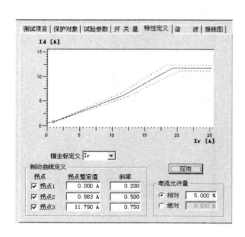

图 2-39 "特性定义"页面的设置

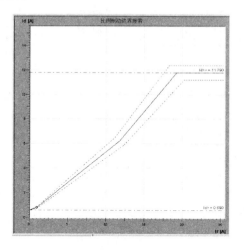

图 2-40 比率差动保护动作特性
曲线的显示窗口

单击"添加"按钮后，在位于窗口右侧的"比例制动边界搜索"图中即添加了若干条扫描线，如图 2-42 所示的 9 条虚线。

图 2-42 中没有扫描线通过拐点，即不对拐点进行测试。若要求对拐点进行测试，可以另行添加通过拐点的扫描线。

8）单击工具栏上的开始试验按钮▶或按测试仪面板上的"运行"按键，测试仪将自动计算并输出高、中两侧试验电流，同时通过开关量输入接点接收保护装置动作信号，按照"二分法"在比率差动保护动作特性曲线两侧进行扫描，逐渐逼近确定出实际动作点。图 2-43 所示为本次测试的结果。

图 2-41 比率差动保护
动作特性曲线搜索的
范围及点数设置

单击工具栏上的试验报告按钮📄还会弹出测试仪自动形成的试验报告文档。

（2）在 Y-△两侧测试。Y-△两侧包括Ⅰ-Ⅲ和Ⅱ-Ⅲ两种，以下分别说明。

在Ⅰ-Ⅲ两侧测试步骤如下：

1）正确设接线。Ⅰ侧仍按上述Ⅰ-Ⅱ两侧测试的试验接线，接入测试仪电流输出"I_a"；而测试仪的电流输出"I_b"接至Ⅲ侧，且使电流从被测试相（这里为 A 相）电流输入回路的正极性端流入，从其负极性端流回测试仪的"I_n"。即试验电流按图 2-35 接线，可对 A 相差动进行测试。

2）其他试验步骤和方法及要求与在Ⅰ-Ⅱ两侧测试基本相同，主要不同之处是"保护对象"页面内的一些设置，以下对此简要说明。

a）"被保护设备参数"中，"高压侧"的"接线方式"为 Y0、"低压侧"的"接线方式"为 D-11。

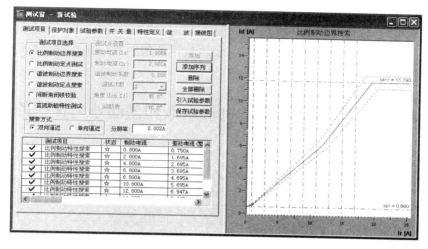

图 2-42　添加序列后的"测试项目"窗口

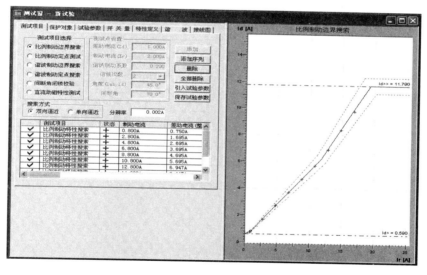

图 2-43　自动测试结果

　　b)"高压侧"的"平衡系数"仍取为 1；"低压侧"则取为保护装置差动计算定值中的Ⅲ侧平衡系数/Ⅰ侧平衡系数，即 0.476/4.0＝0.119。

　　c)由于变压器Ⅰ、Ⅲ两侧绕组接线组别不同，电流互感器二次电流相位需要调整，所以，应将"TA 二次电流相位由软件调整"前面的小方框打"√"，且"转角在"选取低压侧。

　　在Ⅱ-Ⅲ两侧测试步骤如下：

　　1)正确设接线。Ⅱ侧仍采用在Ⅰ-Ⅱ两侧测试时的试验接线方式，接入测试仪电流输出"I_a"；而测试仪的电流输出"I_b"接至Ⅲ侧，且使电流从被测试相（这里为 A 相）电流输入回路的正极性端流入，从其负极性端流回测试仪的"I_n"。

　　2)其他试验步骤和方法及要求与在Ⅰ-Ⅲ两侧测试基本相同，不同之处有：

a）"高压侧"的"平衡系数"仍取为 1；"低压侧"则取为保护装置差动计算定值中的Ⅲ侧平衡系数/Ⅱ侧平衡系数，即 0.476/2.177＝0.219。

b）计算和设置"差动电流门槛值""差动电流速断值"及"拐点整定值"等参数时，I_n 应取等于Ⅱ侧的二次额定电流 3.610A。

工作子任务二　变压器谐波制动系数和差动速断保护的测试

［工作任务单］

变压器谐波制动系数和差动速断保护测试报告单（样单）

保护柜名称：

保护装置型号：

工作风险提示：触电、短路

比率差动保护的整定值及相关参数：

序号	定值或参数名称	数值	序号	定值或参数名称	数值
1	变压器容量		10	差动速断电流	
2	TA 二次额定电流		11	Ⅰ侧平衡系数	
3	Ⅰ侧 TA1 一次侧		12	Ⅱ侧平衡系数	
4	Ⅱ侧 TA2 一次侧		13	Ⅲ侧平衡系数	
5	Ⅲ侧 TA3 一次侧		14	Ⅰ侧二次额定电流	
6	差动启动定值		15	Ⅱ侧二次额定电流	
7	比率差动制动系数		16	Ⅲ侧二次额定电流	
8	二次谐波制动系数				
9	三次谐波制动系数				

测试结果（部分）：

1. 测试项目：＿＿＿次谐波制动系数

（1）方式 1

实测值：＿＿＿，整定值：＿＿＿，误差（%）：＿＿＿

（2）方式 2

测试点序号	所加差动电流（从＿＿侧加）		所加＿＿次谐波制动电流		是否动作	是否合格
	标么值	有名值	整定值倍数	有名值		
1			0.95			
			1.05			
2			0.95			
			1.05			
3			0.95			
			1.05			

结论：

2. 测试项目：差动速断保护

（1）方式 1：从保护装置侧加入电流。

实测值：____ A，整定值：____ A，误差（%）：____

（2）方式 2：

从保护装置____侧加电流				是否动作	是否合格
差动速断保护整定值		差动电流实际值			
标幺值	有名值	整定值倍数	有名值		
		0.95			
		1.05			

结论：

_____

复原现场：

　　□已复原　　　□未复原

教师评定：

_____

学习反思：

_____

要求：

（1）方式 1 为测试出实际动作值；方式 2 为检测保护在 0.95 和 1.05 倍整定值下的动作情况，可选择其中之一来完成测试。

（2）工作结束后必须复原现场，即将设备各部件、接线等完全恢复原状。

[知识链接二]

一、变压器比率差动保护励磁涌流判别原理简介

当变压器空载合闸或外部故障被切除后电压恢复过程中将出现励磁涌流。励磁涌流的幅值很大，可达到变压器额定电流的 6～8 倍，且仅流过变压器的一侧，将会引起很大的差动电流，导致变压器差动保护误动，所以，需要采取措施来躲开变压器励磁涌流，显然，所采取的措施不应使保护在内部故障时的灵敏度下降。

变压器励磁涌流与绕组接线方式、合闸时电压初相角、铁芯结构、铁芯剩磁、铁芯饱和磁通密度、系统阻抗等多种因素有关，因此，如何判别励磁涌流以便在其出现时能可靠地闭锁保护，一直是变压器比率差动保护面临的难题。微机型变压器保护装置躲开变压器励磁涌流基本思路是：判别差动电流是否由励磁涌流引起，如果是，则闭锁保护。判别方法主要有谐波制动、识别波形畸变和鉴别波形间断角 3 种，一套装置通常可提供以上 3 种涌流判别原理中的两种，供用户选择。目前，几乎所有国产微机型变压器保护装置都提供以谐波制动原理来判别励磁涌流的功能。

谐波制动原理的依据是变压器励磁涌流包含大量高次谐波而且二次谐波所占比例最大的

特点。谐波制动原理的变压器保护装置就是采用三相差动电流中二次谐波（三次谐波、五次谐波）成分所占比例来识别涌流，若某一相满足下式时，将闭锁本相比率差动［采用分相涌流闭锁方式时，图 2 - 30 （b）］或三相比率差动［采用"或"门涌流闭锁方式时，图 2 - 30 （a）］。

$$\frac{I_{2\mathrm{nd}}}{I_{1\mathrm{st}}}>k_{2\mathrm{xb}}$$

式中：$I_{2\mathrm{nd}}$ 为每相差动电流中的二次谐波分量；$I_{1\mathrm{st}}$ 为对应相差动电流的基波分量；$k_{2\mathrm{xb}}$ 为二次谐波制动系数整定值，一般地，$0.1 \leqslant k_{2\mathrm{xb}} \leqslant 0.25$，通常取 $k_{2\mathrm{xb}} = 0.15$。

二、谐波制动系数的测试

显然，对谐波制动系数进行测试时，所加的差动电流基波分量必须大于保护定值，使保护能可靠动作（在没有被闭锁的情况下）。谐波制动系数的测试可以利用 PW 系列测试仪的"差动保护"测试模块中"谐波制动边界搜索"项目来完成，也可以利用"谐波"测试模块进行测试，最好能单侧单相叠加谐波电流。具体的步骤和方法可参考有关资料，在此不详细介绍。

三、差动速断保护的测试

差动速断保护是变压器纵差动保护的辅助功能，与比率差动保护、工频变化量比率差动保护等主保护共用一个功能压板。差动速断保护的动作电流按躲开变压器励磁涌流来整定，与比率差动保护相比，数值很大。因此，对其进行测试时，应预先通过整定运行方式控制字将比率差动保护退出，防止比率差动保护抢先动作，使测试无法进行。

工作子任务三　变压器复压闭锁方向过电流保护的测试

［工作任务单］

变压器复压闭锁方向过电流保护测试报告单（样单）

保护柜名称：

保护装置型号：

工作风险提示：触电、短路

复压闭锁方向过电流保护的主整定值及相关参数：

序号	定值或参数名称	整定值	序号	定值或参数名称	整定值
1	相电流启动		9	过电流Ⅱ段第二时限	
2	复压闭锁负序相电压		10	过电流Ⅲ段定值	
3	复压闭锁相间低电压		11	过电流Ⅲ段第一时限	
4	过电流Ⅰ段定值		12	过电流Ⅲ段第二时限	
5	过电流Ⅰ段第一时限		13	过电流Ⅰ段的方向指向	
6	过电流Ⅰ段第二时限		14	过电流Ⅱ段的方向指向	
7	过电流Ⅱ段定值				
8	过电流Ⅱ段第一时限				

测试结果（部分）：

测试项目：＿＿＿侧复压闭锁方向过电流保护＿＿＿段

（1）方式1

序号	元件名称	整定值		实测值	误差	是否合格
1	电流元件					
2	低电压元件					
3	负序电压元件					
4	方向元件	边界1				
		边界2				

结论：

（2）方式2

序号	元件名称	整定值倍数		是否动作	是否合格
1	电流元件	0.95			
		1.05			
2	低电压元件	0.95			
		1.05			
3	负序电压元件	0.95			
		1.05			
4	方向元件	边界1			
		边界2			

结论：

复原现场：

　　□已复原　　　□未复原

教师评定：

学习反思：

要求：

（1）方式1为测试出实际动作值；方式2为检测保护在0.95倍和1.05倍整定值下的动作情况，可选择其中之一来完成测试。

（2）工作结束后必须复原现场，即将设备各部件、接线等完全恢复原状。

[知识链接三]

一、变压器复压闭锁方向过电流保护简介

1. 构成逻辑框图

变压器后备保护包括反映相间短路的后备保护和反映接地短路的后备保护。微机型变压器保护装置通常配置复压闭锁过电流保护作为相间短路的后备保护。复压闭锁过电流保护基本逻辑框图如图 2-44 所示。

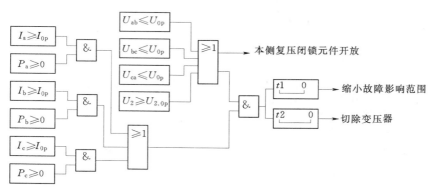

图 2-44 变压器复压闭锁方向过电流保护的构成逻辑框图

为了限制故障的影响范围,缩短保护的动作延时,并能灵活地适应各种运行方式的需要,一般地,微机型变压器保护装置的复压闭锁过电流保护设置有若干段,且每一段设有 1～2 个动作时限,各段是否经复压闭锁元件和方向元件闭锁可由用户通过控制字决定。另外,如前所述,变压器复压闭锁方向过电流保护的各段保护动作后跳开哪个(些)断路器,可通过其对应的跳闸矩阵来整定。

2. 主要组成元件

变压器复压闭锁过电流保护的电流元件动作电流应按躲开变压器额定电流来整定,对于微机型保护装置,整定电流元件时,返回系数通常可取 0.95。

如图 2-44 所示,变压器复压闭锁过电流保护的复压闭锁元件通常由相间低电压元件和负序相电压元件共同组成,只需其中一个元件动作,即开放过电流保护。相间低电压元件是反映相间电压降低而动作,主要用以反映三相短路故障,其动作电压按躲过正常运行时最低工作电压来整定,应保证在电动机启动时不动作,通常情况下,取其动作电压 U_{0p} = $(0.5 \sim 0.9)U_n$。负序相电压元件是反应负序电压升高而动作,能灵敏地反映不对称相间短路,其动作电压按躲过正常运行时最大不平衡电压来整定,通常取 $U_{2.0p} = (0.06 \sim 0.08)U_n$。以上 U_n 均为额定线电压二次值。为了提高保护的灵敏度,微机型变压器保护装置还可以通过整定控制字选择本侧过电流保护是否引入其他侧的复压闭锁元件,也就是说,各侧复压闭锁元件可以并联启动过电流保护。例如 RCS978 系列变压器保护装置的 I 侧(即高压侧)后备保护设有"过电流保护经 II 侧复压闭锁"控制字,若该控制字整定为"1",则表示 I 侧的复压闭锁过电流保护可以经过 II 侧(即中压侧)的复压闭锁元件开放。

方向元件的作用是判断短路故障的方向,其动作方向可指向变压器也可指向系统,由用

户通过控制字设定。在变压器保护装置中，方向元件的接线方式主要有两种：一种是 90°接线，具体接线方法与继电保护技术课程中介绍的"相间功率方向继电器"接线相同；另一种是 0°接线，接入某一相方向元件的电压与电流是该相的正序电压和相电流。RCS978 系列变压器保护装置的相间短路方向元件就采用了 0°接线，其动作特性如图 2-45 所示。

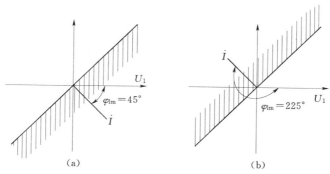

图 2-45　相间短路方向元件动作特性
(a) 方向指向变压器；(b) 方向指向系统

当保护装置所用的电压互感器发生断线等异常现象时，无论复压闭锁元件，还是方向元件均会受到影响。电压互感器断线的影响结果通常可预先设定，如 RCS978 系列变压器保护装置设有"电压互感器断线保护投退原则"控制字，用以控制当电压互感器断线时复压闭锁元件和方向元件的动作行为。

（1）若"电压互感器断线保护投退原则"控制字为"1"，当本侧电压互感器断线时，方向元件和本侧复压闭锁元件均不满足动作条件，但当本侧过电流保护投入经其他侧复压闭锁时，可经其他侧的复压闭锁元件开放。

（2）若"电压互感器断线保护投退原则"控制字为"0"，当本侧电压互感器断线时，方向元件和本侧复压闭锁元件均满足动作条件，这时复压闭锁方向过电流保护就变为纯过电流保护。

（3）当本侧电压互感器断线时，不论"电压互感器断线保护投退原则"控制字为"1"或"0"，本侧复压闭锁元件都不会去开放其他侧的过电流保护。

当本侧电压互感器检修或旁路代路未能切换电压互感器时，为保证本侧复压闭锁方向过电流保护的正确工作，需投入"本侧电压退出"压板或整定相应控制字（注意：对于 PCS978NE 保护装置应为断开"投入本侧电压"压板）。本侧电压退出对复合电压元件和方向元件的影响如下：

（1）本侧复合电压元件不会动作开放保护，但本侧复压闭锁方向过电流保护可由其他侧的复合电压元件开放（本侧过电流保护经其他侧复合电压元件闭锁投入情况）。

（2）本侧方向元件始终满足动作条件，处于动作状态。

（3）不会使本侧复合电压元件开放其他侧的过电流保护（其他侧经本侧复合电压元件闭锁投入情况）。

二、变压器复压闭锁过电流保护的测试

由于三绕组变压器各侧分别配置一套独立的复压闭锁过电流保护，每一套有若干段，每一段又设有1～2个动作时限，因此，测试时需分侧分段对保护的各个组成元件进行测试。以 RCS978 系列变压器保护装置为例，下面介绍测试变压器复压闭锁过电流保护过程中的一些注意事项和技巧。

（1）接线。将测试仪的三相电压、三相电流分别按相序接至对应侧的电压和电流输入端，如图 2-46 所示。若采用自动测试，则图 2-46 的接线还需要将相应保护动作跳闸出口接点接至测试仪的开入接点。

（2）压板及空气开关设置。投入本侧相间后备保护功能压板，其他保护功能压板退出；除合上保护电源开关外，还需合上本侧交流电压开关。如图 2-46 所示试验接线，需合上高压侧交流电压开关 1ZKK1。

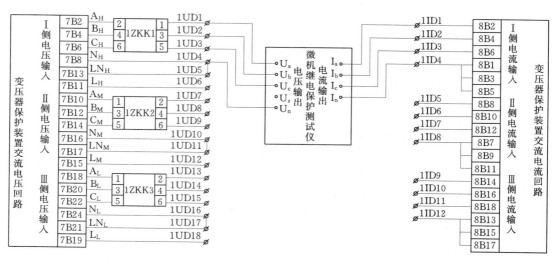

图 2-46　高压侧复压闭锁过电流保护的试验接线

（3）对某个元件的定值进行测试时，所加入保护装置的电流和/或电压量应能使其他元件预先处于动作状态。比如，测试复压闭锁元件（包括低电压元件和负序电压）时，所加入装置的故障电流应大于电流元件的动作值。

（4）既可以采用测量实际动作值并计算其误差的方法来对各个主要组成元件进行测试，也可以采用检测组成元件在 0.95 和 1.05 倍整定值下的动作情况来完成测试。当要测量实际动作值时，加入保护装置的电流或电压量参数初始值（变化始值）应保证被测试元件处于不动作状态，然后，再通过逐渐改变电流或电压量的参数，使被测试元件刚好动作，此时，加入保护装置的电流和/或电压量参数即为被测试元件实际动作值。因此，采用自动测试时，设定的电流或电压量参数的变化终值应确保被测试元件能动作。

对于 PW 系列测试仪，可利用"递变"模块来完成变压器复压闭锁过电流保护各组成元件定值的自动测试。

（5）变压器各侧复压闭锁电流保护不同段、不同时限动作出口所跳断路器通常是不相同的，对某一保护段的某一时限进行自动测试时，要注意将测试仪开入量接入对应的保护动作接点。比如，某变压器保护装置的定值设定为：高压侧的过电流Ⅱ段第二时限动作出口是跳低压侧断路器，那么，自动测试时就应将跳低压侧断路器的保护动作接点接至测试仪开入量输入端。

（6）由于复压闭锁元件、方向元件需要用电压量，因此，对它们进行测试时，必须将本侧电压投入，即断开本侧电压退出硬压板并将本侧电压退出控制字设为"0"。同时，设定的故障前时间或复归时间应大于电压互感器断线复归时间，才能正确测试。

为了在试验过程中更方便地观察保护的信号，并防止其他侧复压闭锁元件干扰试验，试验前还应将其他侧电压退出。

（7）为确保试验结果的正确性，保证测试的顺利进行，自动测试设定的故障时间应大于被测试保护段动作时限，但应小于可能会"抢动"的其他保护段的动作时限，或者在测试前通过控制字将可能会"抢动"的其他保护段暂时退出。

当保护动作后，应立即查看保护装置的动作报告，以便确定是否被测试保护段为动作出口。RCS978 系列变压器保护装置复压闭锁过电流保护的动作报告主要内容和形式如下：

φ 相　 X 侧过电流 TYY

φ 相表示故障相，既可以是相间也可以是单相；X 侧表示故障所在侧，X＝Ⅰ、Ⅱ、Ⅲ、Ⅳ；YY 为两位阿拉伯数字，第一位阿拉伯数字表示动作的保护段，第二位阿拉伯数字表示该保护段动作出口的时限。比如，若保护动作后液晶屏显示："AB 相Ⅱ侧过电流 T12"，即说明Ⅱ侧（中压侧）AB 两相发生短路，该侧的过电流保护第Ⅰ段第 2 时限动作出口。

（8）测试负序、零序等序分量元件时，要求测试仪提供所需的电流、电压序分量，常用的做法是：试验过程中，始终保持三相电压或电流的相位关系为正相序、相差 120°不变，逐渐改变某一相的幅值，另外两相的幅值维持为初始值不变，从而获得并控制测试仪输出电压、电流量中负序、零序等序分量的大小。

（9）测试过程中，为了能观察到电压、电流或电压、电流各序分量的变化情况，对于 PW 系列测试仪可点击工具栏上矢量图按钮，即可调出显示当前测试输出三相电压、电流的大小和相位等参数的"矢量图"，如图 2-47 所示。

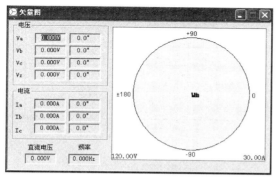

图 2-47　PW 系列测试仪的"矢量图"

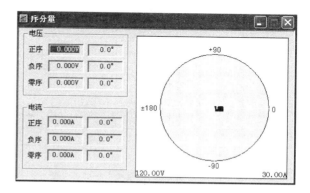

图 2-48　PW 系列测试仪的"序分量"

单击工具栏上序分量按钮，则可调出显示当前测试输出三相电压、电流中各序分量的大小和相位等参数的"序分量"，如图 2-48 所示。

[技能拓展]　变压器接地后备保护的测试

变压器接地后备保护测试报告单（样单）

保护柜名称：

保护装置型号：

工作风险提示：触电、短路

三段式距离保护的整定值及相关参数：

序号	定值或参数名称	整定值	序号	定值或参数名称	整定值
1	零序补偿系数		10	相间距离Ⅱ段定值	
2	接地距离Ⅰ段定值		11	相间距离Ⅱ段时间	
3	接地距离Ⅰ段时间		12	相间距离Ⅲ段定值	
4	接地距离Ⅱ段定值		13	相间Ⅲ段四边形	
5	接地距离Ⅱ段时间		14	相间距离Ⅲ段时间	
6	接地距离Ⅲ段定值		15	正序灵敏角	
7	接地Ⅲ段四边形		16	零序灵敏角	
8	接地距离Ⅲ段时间		17	重合闸时间	
9	相间距离Ⅰ段定值				

测试结果（部分）：

序号	保护功能名称、故障方向	整定值倍数	短路阻抗/Ω、动作时间/s	阻抗角	是否动作	是否合格
1	接地距离Ⅰ段、正向	0.95				
		1.05				
2	接地距离Ⅱ段、正向	0.95				
		1.05				
3	接地距离Ⅲ段、正向	0.95				
		1.05				
4	相间距离Ⅰ段、正向	0.95				
		1.05				
5	相间距离Ⅱ段、正向	0.95				
		1.05				
6	相间距离Ⅲ段、正向	0.95				
		1.05				
7	重合闸	—		—		
8	各段保护、反向出口处故障		—			

结论：

复原现场：

　　□已复原　　□未复原

教师评定：

学习反思：

要求：

工作结束后必须复原现场，即将设备各部件、接线等完全恢复原状。

［知识链接四］

一、变压器接地后备保护简介

为保证电力变压器的安全，满足不同运行方式下的保护要求，110kV 及以上电压等级的中性点直接接地系统中，微机型变压器保护装置通常配置有零序电流保护、间隙零序电流保护和零序电压保护三种接地后备保护。

零序电流保护主要是作为中性点接地运行时变压器的接地后备保护，与复压闭锁过电流保护相同，变压器零序电流保护通常也设置有若干段，每一段又设有若干个动作时限，用户也可通过整定控制字以决定某一段保护是否经零序电压元件闭锁，是否经零序方向元件闭锁，是否经谐波闭锁等。另外，方向元件及各段零序过电流保护采用自产零序电流还是外接零序电流也可以通过整定控制字来选择。比如，RCS978 系列变压器保护装置设置"零序方向判别用自产零序电流"控制字，供用户选择零序方向元件所采用的零序电流是自产零序还是外接零序，若"零序方向判别用自产零序电流"控制字为"1"则用自产零序电流，若为"0"则用外接零序电流。零序过电流Ⅰ段和Ⅱ段也设置有与此类似的控制字。而对于零序电压，方向元件和零序电压闭锁元件均固定采用自产零序电压。

间隙零序过电流保护和零序过电压保护用作变压器中性点经放电间隙接地运行时的接地后备保护。

二、变压器接地后备保护的测试方法

变压器接地后备保护的测试方法与复压闭锁方向过电流保护基本相同，如果零序方向元件及各段零序过电流保护均采用自产零序电流时，试验电压电流的接线也与图 2-46 相同。由于变压器中性点直接接地系统侧的零序过电压保护动作电压整定值超过 120V，因此，对其进行试验时测试仪的两路电压需采用串联输出方式。

自 测 思 考 题

1. 简述变压器纵差动保护的基本工作原理。

2. 谈谈变压器比率差动保护与差动速断保护的异同。

3. 变压器纵差动保护不平衡电流产生的主要原因有哪些？

4. 除励磁涌流外，变压器纵差动保护的技术难点还有哪些？传统形式的纵差动保护是如何解决这些难点的？而微机型纵差动保护又是如何解决的？

5. 微机型变压器纵差动保护对 Y、△两侧电流相位校正方式有哪两种？试分别简述。

6. 微机型变压器纵差动保护采用△→Y 相位校正方式时，星形侧为何要进行零序电流补偿？

7. 变压器励磁涌流主要有哪些特点？微机型变压器纵差动保护常用哪些原理来鉴别涌流的？

8. 谈谈 110kV 及以上电压等级变压器的接地后备保护通常是如何配置的？

项目三 微机保护装置的安装接线

项 目 概 述

一、项目导言

继电保护装置等二次设备的安装接线是电力系统工程中一个非常重要且烦琐的工作，继电保护装置的安装接线正确与否直接影响整个工程的质量和效益。熟悉保护回路安装接线的基本情况及原理是保证安装接线施工正确的重要因素，也有助于及时发现、消除设计缺陷，提高运行维护的工作效率。

二、项目总体目标

（1）能完成微机型继电保护装置与互感器、断路器等二次设备之间的二次回路安装接线。

（2）掌握继电保护装置二次回路的接线走向；理解电压互感器二次侧各个附属装置的作用和工作原理。

（3）掌握微机型继电保护柜内装置编号原则、二次回路标号基本原则及方法。

（4）养成吃苦耐劳的职业素养和严谨细致的工作态度；培养善于思考、勤于动手的学习习惯，提高自主学习能力。

三、主要工作任务

（1）根据保护、测量及计量等需要，配置电气设备的电流互感器。

（2）按照交流电流回路的接线要求和规范，绘制微机型继电保护柜（装置）与电流互感器二次绕组之间的接线示意图。

（3）按照交流电压回路的接线要求和规范，绘制微机型继电保护柜（装置）与电压互感器二次绕组之间的接线示意图。

（4）完成微机型继电保护柜（装置）与断路器（模拟断路器）跳闸线圈、合闸线圈之间的接线。

工作任务一　微机保护柜与互感器的连接

任 务 概 述

一、工作任务表

序号	任务内容	任 务 要 求	任务主要成果（可展示）
1	绘制电流互感器配置图	根据要求配置线路或变压器的电流互感器	电流互感器配置图
2	绘制微机型继电保护柜与电流互感器的接线图	绘制自开关场电流互感器至保护室（主控室）微机型继电保护柜端子排之间的接线示意图，并在端子排图上标注回路编号	继电保护柜与电流互感器的安装接线示意图
3	绘制微机型继电保护柜与电压互感器的接线图	配置变电站的电压互感器，绘制自开关场电压互感器至保护室（主控室）微机型继电保护柜端子排之间的接线示意图，并在端子排图上标注回路编号	继电保护柜与电压互感器的安装接线示意图

二、设备仪器

序号	设备或仪器名称	备 注
1	PRC41B 线路保护柜（110kV）	南京南瑞继保电气有限公司
2	PRC78E 变压器保护柜（220kV）	南京南瑞继保电气有限公司
3	PRC02B 线路保护柜（220kV）	南京南瑞继保电气有限公司
4	SAL35 线路保护柜（110kV）	积成电子股份有限公司
5	SAT3X 变压器保护柜（110kV）	积成电子股份有限公司

三、项目活动（步骤）

顺序	主要活动内容	时间安排
1	识读保护柜接线图及保护装置技术说明书，尤其是"交流电流回路"图及相应的端子排图	课内完成
2	学习、回顾有关电网继电保护的技术规范和知识	课内完成与课外完成相结合
3	按满足保护、测量、计量及有关规范的要求，配置110kV或220kV线路/变压器的电流互感器，并拟选电流互感器型号和保护用电流互感器二次绕组	课内完成与课外完成相结合
4	绘制自开关场至保护室（主控室）微机型继电保护柜端子排之间的电流回路接线示意图，并在端子排图上标注回路编号。对于变压器保护柜，可选画某一侧的电流回路	课内完成与课外完成相结合

续表

顺序	主要活动内容	时间安排
5	识读保护柜接线图及保护装置技术说明书，尤其是"交流电压回路"图、"交流电压切换回路"原理图及相应的端子排；进一步学习、回顾有关电网继电保护的技术规范和知识	课内完成与课外完成相结合
6	按满足保护、测量、计量及有关规范的要求，配置 220kV/110kV/10kV 变电站的电压互感器（220kV、110kV 侧主接线形式为双母接线），要求给出电压互感器的额定变比和各二次绕组准确等级等参数	主要在课内完成
7	绘制自开关场电压互感器二次侧至保护室（主控室）微机型继电保护柜端子排之间的电压回路接线示意图，并在端子排图上标注回路编号。对于变压器保护柜，可选画 220kV 和 110kV 其中一侧的电压回路	课内完成与课外完成相结合

工作子任务一 绘制电流互感器配置图

［工作任务单］

电流互感器配置方案单（样单）

保护对象：

工作风险提示：无

电流互感器配置图及有关说明：

拟选择的电流互感器型号及其说明：

要求：

（1）待配置的保护对象由教师指定，主要为 110kV、220kV 的线路或变压器。

（2）电流互感器配置图下方作一些必要说明。

（3）做好上讲台利用多媒体课件演示、讲解配置方案并回答同学和教师提问的准备。

[知识链接一]

一、电流互感器的分类及准确度等级

电流互感器的配置应能满足继电保护、自动装置、测量及计量仪表的要求。目前，电力系统实际应用中的电流互感器主要有电磁式和电子式两种，以下介绍的是电磁式电流互感器。

由于继电保护、自动装置对电流互感器的要求与测量及计量仪表不相同，一般情况下，应设置各自独立的二次绕组，所以，一台电磁式电流互感器通常需提供多组二次绕组，不同的二次绕组缠绕在不同的铁芯上。其中一部分二次绕组用于继电保护及自动装置，称为保护用电流互感器；另一部分用于给测量及计量仪表提供二次电流，常称为测量用电流互感器。

保护用电流互感器的准确度等级有 5P 和 10P 两个，一般用 εPM 来表示，式中，ε 为准确度等级；P 表示保护用；M 是保证准确度的允许最大短路电流倍数。如 5P20，其含义是电流互感器一次电流为 20 倍额定电流下的短路电流时，其误差满足 5% 的要求。

测量用电流互感器有 6 个标准准确度等级，分别为 0.1 级、0.2 级、0.5 级、1 级、3 级和 5 级，另有供特殊用途的 0.2S 和 0.5S 级。0.2S 和 0.5S 级也是用于测量、计量的电流互感器，与 0.2 级、0.5 级的电流互感器相比，S 类电流互感器在小负荷时，具有更高的测量精度，主要用于负荷变动范围比较大的情况下仍要求准确计量的场合。

二、电流互感器二次侧的额定电流

按规定，电流互感器的标准二次额定电流为 1A 或 5A。通常情况下，220kV 及以下电压等级的变电站，采用二次额定电流为 5A 的电流互感器；而 330kV 及以上电压等级的变电站，大多采用二次额定电流为 1A 的电流互感器。

三、电流互感器的一般配置原则

1. 电流互感器配置的要求

（1）电流互感器的配置应尽量避免主保护出现死区。保护接入互感器二次绕组的位置，应避免当一套保护停用而被保护设备继续运行时，互感器内部发生故障时保护存在死区，即要求两个相邻保护之间的主保护范围在互感器内部应交叉，同时又要尽可能减小电流互感器本身故障时所产生的影响。

（2）电流互感器的配置应能可靠保护系统的各种类型故障，一般情况下，在中性点有效接地的电网中，应配置三相电流互感器；在中性点非有效接地的电网中，根据保护装置的性能，为保证两不同点发生两相接地故障时，能有 2/3 机会只切除一个故障元件，提高供电可靠性，可配置两相电流互感器。

（3）为可靠地保护线路或主设备的各个部位，一般情况下，每一条线路或每一台主设备至少配置一组电流互感器。为了保证经济性，在能够实现可靠保护的前提下，应尽量减少互感器的数量，必要时，应增加互感器二次绕组的数量。

（4）互感器二次绕组的数量及其技术特性应满足继电保护、自动装置和测量仪表、电能计量装置的要求。

2. 电流互感器二次绕组数量

（1）母线保护装置配置单独的二次绕组。

（2）线路或变压器主保护配置单独的二次绕组，后备保护配置单独的二次绕组。当采用主保护与后备保护一体化设计的保护装置，可配置一个二次绕组。

（3）母线、线路或变压器要求双重主保护时，应配置两个单独的二次绕组，分别给两套不同的保护装置提供二次电流；例如，220kV 变压器、线路和母线保护通常采用双重化配置，为满足两套保护装置的交流电流回路彼此完全独立没有电气联系的要求，相应的保护装置需分别使用不同的电流互感器二次绕组。

（4）故障录波器和其他自动装置配置一个单独的二次绕组。

（5）测量和计量各自配置单独的二次绕组，当对电流、功率等电气量的监测、记录没有规定要求且不装设常测仪表时，也可将计量和测量合并用一个二次绕组。

综上所述，用于线路和变压器的电流互感器，对 110kV 者，通常可设 4～5 个二次绕组；对 220kV 者，通常可设 5～6 个以上的二次绕组；对 500kV 者，二次绕组数量还可适当增加。

工作子任务二　绘制微机保护柜与电流互感器的接线图

[工作任务单]

微机型保护柜与电流互感器的接线示意图（样单）

保护柜型号及名称：
工作风险提示：无
保护柜与电流互感器接线示意图：
拟选择的电流互感器型号及其说明：

要求：

（1）保护柜型号及名称由教师指定。

（2）可对接线示意图作一些必要的文字说明。

（3）应做好上讲台利用多媒体课件演示、说明接线示意图并回答同学和教师提问的准备。

［知识链接二］

一、保护装置的电流输入回路

根据前述，继电保护装置的电流输入回路应与电流互感器二次侧相连接。而继电保护装置的电流输入端子则先接至保护柜上对应的端子排段，再从端子排经控制电缆与电流互感器二次绕组相连。

图 3-1 和图 3-2 所示分别为 PRC78E-21A 变压器保护柜和 PRC02B-22 线路保护柜的交流电流回路，图中标明了保护装置各相电流输入端子所接的端子排端子。

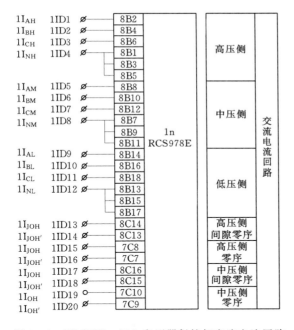

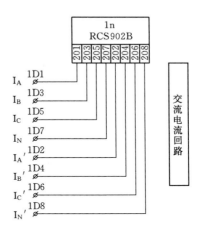

图 3-1　PRC78E-21A 变压器保护柜交流电流回路

图 3-2　PRC02B-22 线路保护柜交流电流回路

对于变压器保护柜，以高压侧为例，结合 RCS978E 保护装置技术说明书中的有关内容，图 3-1 表明，变压器高压侧的 A、B、C 三相电流互感器保护用二次绕组正极性端即 K1 端应分别接至保护柜端子排 1ID 段的 1ID1～1ID3 三个端子，而 1ID4 接电流互感器二次绕组的中性线；1ID13 和 1ID14 接至变压器高压绕组中性点放电间隙回路的电流互感器二次侧；1ID15 和 1ID16 接至变压器高压绕组接地中性线上电流互感器二次侧。

对于线路保护柜，根据 RCS902B 保护装置技术说明书中的有关内容，图 3-2 表明，线路 A、B、C 三相电流互感器保护用二次绕组正极性端即 K1 端应分别接至保护柜端子排 1D 段的 1D1、1D3 和 1D5 三个端子，1D2、1D4、1D6 和 1D7 四个端子应短接，1D8 接至线路电流互感器二次绕组中性点。

二、二次回路的标号方法

为了安装、运行和维护检修的方便，应对二次回路的连接导线进行标号，标号一般采用数字或数字和文字的组合。二次回路常用的标号方法有相对标号法和回路标号法两种。相对标号法是按线路的走向对设备接线端子进行标号，用于同一屏柜内的二次设备之间的连接线，即屏柜内配线采用相对编号法。相对标号法的编号方法已在"电气设备""二次回路"等有关课程中进行了介绍，在这里，只介绍回路标号法。

回路标号法是根据线路的性质、用途，按规定原则对线路进行标号，对于不同的回路采用不同的标号方法或赋予不同的数字符号，因此，在二次回路接线图中，看到回路标号后，就能知道这一回路的性质、用途，便于维护和检修。回路标号法主要用于柜内设备与柜外设备（包括柜顶设备）之间的接线。若能记住回路标号原则和一些常用的回路编号，必将有助于加快看懂图纸的速度，提高安装、维护和检修等工作的效率。

1. 回路标号的基本方法

（1）由 3 位或 3 位以上的数字组成，需要标明回路的相别或某些主要特征时，可在数字标号的前面（或后面）增注文字符号。

（2）按"等电位"的原则标注，即在电气回路中，连接在一点上的所有导线须标以相同的回路标号。

（3）电气设备的触点、线圈、电阻、电容等元件所间隔的线段，即看成不同的线段，一般应给予不同的标号。

2. 直流回路的标号原则

（1）对于不同用途的直流回路，使用不同的数字范围，如控制和保护回路用 001～199 及 101～599，励磁回路用 601～699。

（2）控制和保护回路使用的数字标号，按熔断器所属的回路进行分组，每 100 个数分为一组，如 101～199、201～299、301～399、…其中每一段里面先按正极性回路（编为奇数）由小到大，再编负极性回路（编为偶数）由大到小，如 100、101、103、133、…142、140、…

（3）信号回路的数字标号，按事故、位置、预告、指挥信号进行分组，按数字大小进行排列。

（4）正极回路的线段按奇数标号，负极回路的线段按偶数标号；经过回路的主要压降元件（如线圈、电阻、绕组等）后，即改变其极性，其奇偶顺序即随之改变。对不能标明极性或其极性在工作中改变的线段，可任选奇数或偶数。

（5）开关设备、控制回路的数字标号，应按开关设备的数字序号进行选取。

（6）对于某些特定的主要回路，通常给予专用的标号组。例：正电源为 101、201 等，负电源为 102、202 等。

一些常见直流回路的一般标号原则见表 3-1。

表 3－1　　　　　　　　　　　　　常见直流回路的一般标号原则

序号	回 路 名 称	数 字 标 号 组			
		Ⅰ	Ⅱ	Ⅲ	Ⅳ
1	正电源回路	101	201	301	401
2	负电源回路	102	202	302	402
3	合闸回路	103 或 107 （3、7）	203 或 207	303 或 307	403 或 407
4	合闸监视回路	105（5）	205	305	405
5	跳闸回路	133 1133 1233 （33、37）	233 2133 2233	333 3133 3233	433 4133 4233
6	跳闸监视回路	135 1135 1235 （35）	235 2135 2235	335 3135 3235	435 4135 4235
7	备用电源自动合闸回路	150～169 （50～69）	250～269	350～369	450～469
8	开关设备的位置信号回路	170～189 （70～89）	270～289	370～389	470～489
9	事故跳闸音响信号回路	190～199 （90～99P）	290～299	390～399	490～499
10	保护回路	01～099 或 0101～0999（01～099 或 J1～J99）			
11	信号及其他回路	701～999 或 7011～7999			
12	隔离开关操作闭锁回路	881～889 或 8810～8899			

注　1. 当断器或隔离开关为分相操动机构时，序号 3、5、12 等回路标号后应加注 A、B、C 以标志相别。

　　2. 在"跳闸回路"（序号 5）中，对于启动失灵不启动重合闸的跳闸，在标号前加 R，如"R133"；对于不启动失灵不启动重合闸的跳闸，在标号前加 F，如"F133"；另外，"33"或用"37"取代，如 137、237、337 等。

　　3. 无备用电源自动投入装置的安装单位时，序号 7 的标号可用于其他回路。

　　3. 交流回路的标号原则

　　（1）交流回路按相别顺序标号，它除用三位或四位数字编号外，需加文字标号（A、B、C、…）以示区别。

　　（2）对于不同用途（如电压、电流、信号等）的交流回路，使用不同的数字组。

　　（3）电流、电压互感器的回路，均须在分配给它们的数字标号范围内，自互感器的引出端开始，按顺序编号，例如"1TA"的回路标号用"411～419"，"1TV－2"的回路标号用"621～629"等。

（4）某些特定的交流回路（如母线电流差动保护公共回路等）给予专用的标号组。常见交流回路的一般标号原则见表 3-2。

表 3-2 常见交流回路的一般标号原则

序号	回路名称	互感器的文字符号	回 路 标 号 组				
			A 相	B 相	C 相	中性线	零序
1	保护装置及测量表计的电流回路	TA	A401～A409	B401～B409	C401～C409	N401～N409	L401～L409
2		nTA	A4n1～A4n9	B4n1～B4n9	C4n1～C4n9	N4n1～N4n9	L4n1～L4n9
3	保护装置及测量表计的电压回路	TV	A601～609	B601～B609	C601～C609	N601～N609	L601～L609
4		1TV-1	A611～A619	B611～B619	C611～C619	N611～N619	L611～L619
5		1TV-2	A621～A629	B621～B629	C621～C629	N621～N629	L621～L629
6		1TV-3	A631～A639	B631～B639	C631～C639	N631～N639	L631～L639
7	在隔离开关辅助触点和隔离开关位置继电器触点后的电压回路	110kV	A(B、C、N、L、X)710～719、N600				
8		220kV	A(B、C、N、L、X)720～729、N600				
9		35kV	A(C、N)730～739、B600				
10		10kV	A(C、N)760～769、B600				
11	绝缘监察电压表的公用回路		A700	B700	C700	N700	
12	母线差动保护公用的电流回路	110kV	A310	B310	C310	N310	
13		220kV	A320	B320	C320	N320	
14		35kV	A330		C330	N330	
15		10kV	A360		C360	N360	
16	保护、控制、信号回路		A1～A399	B1～B399	C1～C399	N1～N399	

注 在序号 2 中 "n" 为电流互感器的二次绕组号，用一位或两位表示，如 1TA，则相应的回路可编为 "A411" "A412" "B411" …或 "A4011" "A4012" "B4011" …

三、二次回路连接导线截面的选择

二次回路中各连接导线的机械强度和电气性能应满足安全、经济运行的要求，而连接导线的机械强度和电气性能与其组成材料及截面大小有关。

1. **按机械强度要求选择**

连接强电端子的铜导线截面应不小于 1.5mm²，而连接弱电端子的铜导线截面应不小于 0.5mm²。

2. **按电气性能要求选择**

（1）在保护和测量仪表回路中，交流电流回路导线应采用铜导线，其截面应不小于 2.5mm²。

（2）在保护装置中，交流电流回路的导线截面还应根据电流互感器 10％误差曲线进行校核。

（3）交流电压回路的导线截面还应按照允许电压降考虑：对于电能计量仪表，运行时由电压互感器至表计输入端的电压降不得超过电压互感器二次额定电压的 0.5%；在正常负荷下，电压互感器至测量仪表的电压降不得超过电压互感器二次额定电压的 3%；当全部保护装置及测量仪表均投入运行时，上述电压降也不得超过 3%。

（4）在操作回路中，应按在正常最大负荷下由操作母线至各个被操作设备端子的电压降不能超过额定母线电压的 10% 来选择导线截面。

四、控制电缆的标号

柜内设备与柜外设备之间的接线，要经过端子排用控制电缆来进行连接，为便于识别电缆，需要对每根电缆进行唯一编号，并将电缆的编号标写在 PVC 塑料板上制成标号牌。电缆标号牌应悬挂在电缆两端。

控制电缆标号一般由 3 个部分组成：

$$□□□－◇◇◇☆$$

标号中横线前的"□□□"表示安装单位的序号和电压或名称，第一位表示安装单位设备的序号，超过 10 个可用两位数来表示，第二、第三位为电缆所属安装设备的拼音字头，见表 3-3。横线后的"◇◇◇"为三位阿拉伯数字，用来表示电缆的走向，根据电缆所去途径有不同的编号范围，见表 3-4。当需要标明相别时，可用电缆标号最后一位"☆"表示，如 A、B、C 等。

表 3-3　　　　　　　　　　常 见 设 备 拼 音 符 号

序号	设 备 名 称	表示符号	序号	设 备 名 称	表示符号
1	500kV 线路	WU	7	变压器	B
2	220kV 线路	E	8	母联断路器	LD
3	110kV 线路	Y	9	分段断路器	F
4	35kV 线路	U	10	电压互感器	YH
5	10kV 线路	S	11	母线保护	MB
6	6kV 线路	L	12	消弧线圈	X

表 3-4　　　　　　　　　　电缆途径控制电缆编号范围

序号	途　径	基本编号	可增加编号
1	控制室（保护室）去各处电缆	100~129	200~229、300~329
2	控制室（保护室）内屏柜之间联络电缆	130~149	230~249、330~349
3	电动机及厂站用配电装置电缆	150~159	250~259、350~359
4	出线小室电缆	160~179	260~279、360~379
5	配电装置内电缆	180~189	280~289、380~389
6	主变压器处的联络电缆	190~199	280~289、390~399

为了方便安装和维护，在电缆标号牌和安装接线图上，还在电缆标号后标注电缆规格和详细走向。图3-3所示为某一控制电缆的标号牌。

编　号	1E-101	
起　点	220kV永大线保护柜A	5P
终　点	220kV永大线断路器端子箱	
型　号	KVVP2-22-4×4	

图3-3　控制电缆标号牌

五、电缆线芯的标号

由于屏柜内有多根接至外部的控制电缆，每一根电缆又有若干条导线芯，而每一条线芯又接在不同的回路上。因此，确定了每一个回路标号和每一根电缆标号后，为方便查线、维护等工作，通常还应对每一条接至端子排、控制电缆的线芯进行标号，将标号打印在软塑料管上制成线号管，并将线号管套至对应线芯的两头上。

电缆线芯的标号一般由用斜线"/"分开的前后两部分组成，斜线"/"前一部分标明该线芯所在回路标号，斜线"/"后一部分标明该线芯所属控制电缆标号。如"A4031/2B-107""B4031/2B-107""C4031/2B-107""107/2Y-119""137/2Y-119"等。工程应用中，也有用冒号"："代替斜线"/"作分隔符的做法。

六、电流互感器二次回路的接线方式

电流互感器的二次回路接线方式有单相接线、两相不完全星形接线、三相完全星形接线、三角形接线和电流接线以及两相电流差接线等多种。目前，变电站的继电保护和测量装置主要采用两相不完全星形接线和三相完全星形接线两种方式。

两相不完全星形接线一般用于变电站的小电流接地系统侧（如10kV线路）的保护及测量装置；而三相完全星形接线主要用于变电站的大电流接地系统侧（如110kV线路）的保护及测量装置。

七、电流互感器二次侧接地要求

为了防止一、二次之间绝缘损坏时对二次设备和人身造成危害，电流互感器二次回路必须接地。对于独立的、与其他电流互感器二次回路没有电的联系的电流互感器，其二次回路宜在配电装置处经端子实现一点接地，这样对安全更为有利。对于几组电流互感器连接在一起的保护装置，应在保护柜内设一个公用的接地点（各电流互感器二次回路第一个汇集点处一点接地）。对于微机型的母线差动保护和变压器差保护，各接入单元的二次电流回路已不再有电气联系，因此，各个电流互感器二次回路应单独一点接地，接地点可设置在配电装置处，也可设置在保护柜内，但以在保护柜内分别一点接于接地铜排内为好。

电流互感器二次侧接地只能有一个接地点，因为，当电流互感器二次回路存在两点或多点接地时，若地网不同点间存在电位差，将会有电流从两点流过，从而影响保护装置的正确工作。

八、保护柜交流电流二次回路接线示意图

某220kV变电站线路保护柜交流电流二次回路接线示意如图3-4所示。

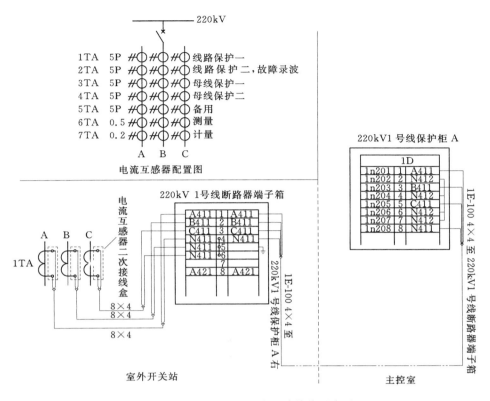

图 3-4　保护柜电流二次回路接线示意图

工作子任务三　绘制母线电压互感器配置图

[工作任务单]

变电站母线电压互感器配置方案单（样单）

变电站电压等级及主接线：220kV（双母）/110kV（双母）/10kV（单母分段）	
工作风险提示：无	

母线电压互感器配置图及有关说明：

拟选择的各侧电压互感器型号及其说明：

要求：

（1）待配置的保护对象由教师指定，主要为 110kV、220kV 的线路或变压器，保护电压取自母线电压互感器。

（2）应在电流互感器配置图下方作一些必要说明。

（3）做好上讲台利用多媒体课件演示、讲解配置方案并回答同学和教师提问的准备。

［知识链接三］

一、电压互感器的分类及准确度等级

与电流互感器相同，电压互感器的配置也应能满足继电保护、自动装置、测量及计量仪表的要求。目前，按工作原理分，电力系统实际应用中的电压互感器主要有电磁式、电容式和电子式三种，以下介绍的内容主要针对采用电磁式或电容式电压互感器的情况。

在变电站中，母线上电压互感器通常配置有一个及以上按星形接线的主二次绕组和一个开口三角形接线的辅助二次绕组（剩余电压绕组、开口三角形绕组）。按用途分，电压互感器的主二次绕组也可分保护用电压互感器和测量用电压互感器，但在很多情况下，保护和测量装置往往共用同一个主二次绕组，显然，该二次绕组应能同时满足保护和测量装置的要求；接成开口三角形的辅助二次绕组则专用于保护装置及自动装置。

保护用电压互感器的准确度等级有 3P 和 6P 两个；测量用电压互感器有 0.1 级、0.2 级、0.5 级、1 级、3 级 5 个标准准确度等级。

二、电压互感器二次侧的额定电压

对于接在三相系统相间电压的单相电压互感器，其二次绕组的额定电压为 100V。对于接在三相系统相与地之间的单相电压互感器，当其一次侧额定电压为相电压时，则其主二次绕组的额定电压为 $100/\sqrt{3}\text{V}$。

接成开口三角形的辅助二次绕组额定电压与系统中性点接地方式有关。对于大接地电流系统，辅助二次绕组额定电压为 100V；对于小接地电流系统，辅助二次绕组额定电压为 100/3V。

三、变电站电压互感器的配置

1. 电压互感器的安装位置

在变电站中，电压互感器主要安装在母线或线路及变压器支路上。220kV 及以下变电站，变压器和线路等支路的保护、测量及计量等装置所用电压通常取自母线电压互感器二次侧。当线路对侧有电源时，为了检测线路电压以实现检同期、检线路无压合闸等功能，需在断路器线路侧安装电压互感器或设置电压抽取装置。在 220kV、110kV 大接地电流系统，线路电压互感器通常采用一台单相电压互感器，安装在线路出线龙门架处 A 相上。在小接地电流系统，线路电压互感器一般为接于两相电压间的一台电压互感器。

2. 电压互感器的一般配置原则

（1）对于电气主接线为单母线、单母分段、双母线、双母分段等，在母线上安装三相电压互感器；当出线上有电源，需要重合闸检同期或无压、同期并列时，应在断路器线路侧安装单相或两相电压互感器。

（2）对于 3/2 的电气主接线，通常在线路或变压器侧安装三相电压互感器，而在母线

安装单相电压互感器，以实现检同期或无压重合闸、同期并列等。

（3）内桥接线的电压互感器可以安装在线路侧，也可以安装在母线上，但一般不同时安装。

（4）对于 220kV 及以下电压等级的系统，电压互感器一般有 2～3 个二次绕组；220kV 及以上电压等级的系统，为了实现继电保护的完全双重化，一般选用 3 个二次绕组的电压互感器。以上各台电压互感器的二次绕组中有一个为辅助二次绕组，应接成开口三角形，其他为主二次绕组，接成星形。

（5）当计量回路有特殊需要时，可增加专供计量用的电压互感器二次绕组或安装计量专用的电压互感器。

（6）在小接地电流系统，需要检查线路电压或同期时，应在断路器的线路侧装设两相式电压互感器或装一台电压互感器接于相间。在大接地电流系统，当有检查线路电压或同期的需求时，应首先选用电压抽取装置，通过电流互感器或结合电容器抽取线路电压，尽量不装设单独的电压互感器。

（7）220kV 及以下线路电压互感器配置一个或两个二次绕组。

综上所述，220kV 变电站母线电压互感器二次绕组的数量和准确度等级应能满足变电站各个保护、测量、计量及其他自动装置的要求，当保护与测量、计量装置共用一组二次绕组时，二次绕组的准确度等级应按满足测量、计量来选择。220kV 及以下电压等级的母线电压互感器应配置两个或 3 个甚至 4 个二次绕组，其中一组可接成开口三角形，其他绕组接成星形。由于双重化配置的两套保护装置电压要求分别取自电压互感器的不同二次绕组，所以，220kV 电压互感器应配置 3 个二次绕组，必要时可再增设 1 个计量专用的二次绕组。

工作子任务四　绘制微机保护柜与电压互感器的接线图

［工作任务单］

微机保护柜与电压互感器的接线示意图（样单）

保护柜型号及名称：

工作风险提示：无

保护柜与电压互感器接线示意图：

拟选择的电压互感器型号及其他说明：

要求：

（1）保护柜型号及名称由教师指定。

（2）保护电压取自母线电压互感器。

（3）可对接线示意图作一些必要的文字说明。

（4）应做好上讲台利用多媒体课件演示、说明接线示意图并回答同学和教师提问的准备。

[知识链接四]

一、保护装置的电压输入回路

继电保护装置的电压输入回路应与电压互感器二次侧相连接。为防止电压回路发生短路而损坏装置，继电保护装置的三相电压回路需装设自动空气开关；而零序电压输入端则不装设自动空气开关。

图 3-5 和图 3-6 所示分别为 PRC78E-21A 型 220kV 变压器保护柜和 PRC02B-22 型 220kV 线路保护柜的交流电压回路。图 3-5 中，端子 4UD4～4UD6 和 4UD14～4UD16 接至变压器高压侧 220kV Ⅰ 母电压互感器二次侧；而端子 4UD7～4UD9 和 4UD17～4UD19 接至变压器高压侧 220kV Ⅱ 母电压互感器二次侧；1UD4 或 1UD5 接至高压侧公共 N 相电压小母线（N600）。图 3-6 中，端子 UD1～UD5 接至 220kV Ⅰ 母电压互感器二次侧；端子 UD6～UD10 接至 220kV Ⅱ 母电压互感器二次侧；UD14 接至线路电压互感器二次侧；UD12 接至 220kV 侧公共 N 相电压小母线（N600）。由此可见，与电流输入回路不同，电压互感器二次侧的电压还需经操作箱的电压切换回路引出后，才接至保护装置的电压输入回路。

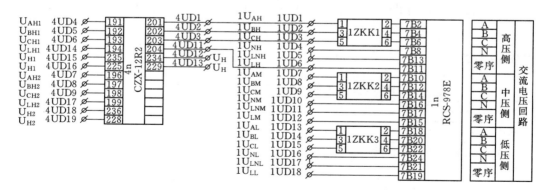

图 3-5 PRC78E-21A 型 220kV 变压器保护柜交流电压回路

二、电压互感器二次回路的接线方式

电压互感器的二次侧接线方式主要有单相接线、V-V 接线、星形接线和开口三角形接线等，其中，星形接线和开口三角形接线应用最多。

星形接线方式用于测量三相电压。电压互感器二次侧不允许短路，为了防止短路而造成电压互感器烧毁，三相电压回路应装设自动空气开关或熔断器，且安装位置应尽量靠近电压互感器本体二次接线盒；开口三角形接线方式主要用于测量零序电压，以供保护装置

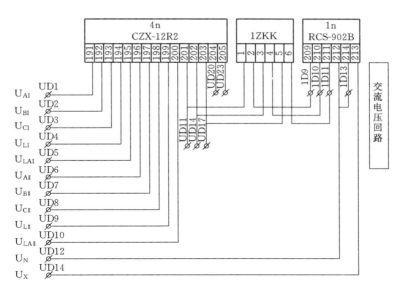

图 3-6 PRC02B-22 型 220kV 线路保护柜交流电压回路

检测接地故障。由于电力系统正常运行时，开口三角形绕组输出端无电压，所以，其回路不能装设自动空气开关或熔断器，否则，空气开关跳闸或熔断器熔断时将无法检测。如果开口三角形绕组无负载时，不能将其输出端短接，否则，系统发生接地故障时会影响其他二次绕组的正确测量，而且若出现长时间接地故障，可能会造成电压互感器烧毁。

三、电压互感器二次侧接地要求

出于同样的原因，与电流互感器相同，电压互感器二次回路必须接地，且也只能有一个接地点。由于母线电压互感器二次侧可能需要进行并列操作，因此，为防止出现两点接地，各组母线电压互感器中性线（N600）应经各自独立导线接至控制室的公共 N 相电压小母线（WVN）上，公共 N 相电压小母线一点接地；各组电压互感器的中性线不得接有可能断开的熔断器、空气开关或接触器等。独立的、与其他互感器二次回路没有直接电气联系的电压互感器二次回路，可以在控制室也可以在开关场实现一点接地。已在控制室一点接地的电压互感器二次绕组，可在开关场将二次绕组中性点经氧化锌阀片接地，氧化锌阀片击穿电压峰值应大于 $30 I_{max}$（220kV 及以上系统中击穿电压峰值应大于 800V）。其中 I_{max} 为电网接地故障时通过变电所的可能最大接地电流有效值，单位为 kA。

需要注意的是：从开关场电压互感器星形接线主二次绕组引到主控室的四根导线和开口三角形接线辅助二次绕组的两根导线均应使用各自独立的电缆，不应公用。电压互感器主二次绕组的中性线与开口三角形绕组的 N 线应分开，不得公用。

四、电压互感器二次回路的重动与并列

为防止电压互感器二次回路向一次侧反充电的发生，应确保在电压互感器一次侧隔离开关断开时其二次侧也断开，这一般通过在电压互感器的二次侧各相线串入一次侧隔离开关位置重动继电器触点来实现。在双母线或单母线分段接线下，当一台母线电压互感器停电检修或因故停运时，为了使相应母线上的变压器、线路能继续运行，可将母线电压互感

器的二次回路并列运行。由位于电压并列柜的电压重动并列装置完成上述功能。电压重动并列的工作原理如图 3-7 所示。图中，1K1（1K2）、2K1（2K2）分别为Ⅰ母和Ⅱ母电压互感器一次侧隔离开关位置的重动继电器。在图 3-7（c）中，仅画出保护用电压二次回路部分，测量计量用电压二次回路的接线与此相类似。

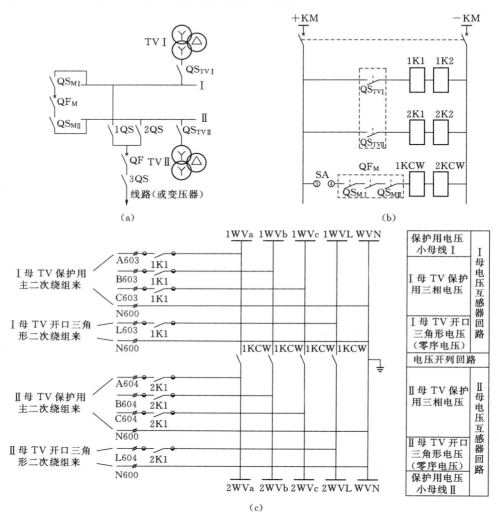

图 3-7　电压重动并列的工作原理图
（a）电压互感器一次系统图；（b）电压重动并列装置原理图；
（c）保护用电压互感器二次回路接线图

　　母线电压互感器的二次电压经重动并列装置后引出到柜顶电压小母线或电压转接柜，需用母线电压互感器二次电压的保护装置、测量计量装置从柜顶电压小母线或经电缆从电压转接柜获取，一些规模小的变电站，也可采用直接从电压并列柜端子排获取重动（并列）后二次电压的方式。对于双母线接线的情况，进入保护装置前还要进行电压切换。

五、电压互感器二次回路的切换

当变电站电气主接线为双母接线形式，运行方式变化或某一组母线检修等原因，母线上的变压器及线路需切换到不同的母线运行，为了保证继电保护装置及测量、计量等二次设备所用的电压互感器二次电压与一次侧运行接线情况相对应，必须设置电压互感器二次电压的切换回路，使保护、测量和计量装置能切换到不同电压互感器二次侧运行。当操作箱带有电压切换回路（图1-1的线路断路器操作箱和图1-3的变压器高压侧操作箱即属于这种情况）时，可利用其电压切换功能，否则需配置独立的电压切换箱。如前所述，电压切换箱一般与其对应的保护装置组在同一面柜上。电压切换回路的原理图如图3-8所示。图3-8中也仅画出保护用电压切换回路，测量计量用电压切换回路与此相类似。

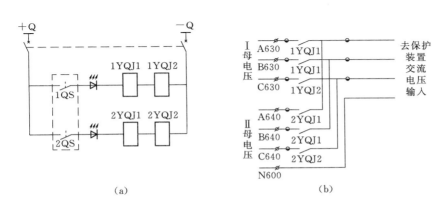

图 3-8 电压切换回路原理图
(a) 电压切换继电器；(b) 保护电压切换回路

当线路（或变压器）接至Ⅰ母运行即其Ⅰ母隔离开关1QS合闸时，Ⅰ母隔离开关1QS的辅助动合触点接通，使电压切换继电器1YQJ动作，Ⅰ母TV二次电压即通过1YQJ的动合触点接入保护装置；同理，当接至Ⅱ母运行即Ⅱ母隔离开关2QS合闸时，2YQJ动作，Ⅱ母TV二次电压即通过2YQJ的动合触点接入保护装置。从而实现电压回路自动切换。有些型号的电压切换装置还采用磁保持继电器作电压切换继电器，此时，通常还需引入母线隔离开关的辅助动断触点。

六、交流电压二次回路接线示意图

某220kV站线路保护柜交流电压二次回路接线示意如图3-9所示。

（1）母线上的A、B、C三相电压互感器二次绕组端子从其二次接线盒经电缆引接至相应的电压互感器端子箱内，在端子排上通过不同的连线来实现接成星形或开口三角形等接线方式。除开口三角形绕组零序电压引出线和所有N600线外，电压互感器其他各相线路（包括从开口三角形绕组抽取的电压引出线）均需接上作短路保护用的自动空气开关或熔断器后，再用电缆从电压互感器端子箱引出，接到电压重动并列装置，完成二次电压隔离重动及并列。

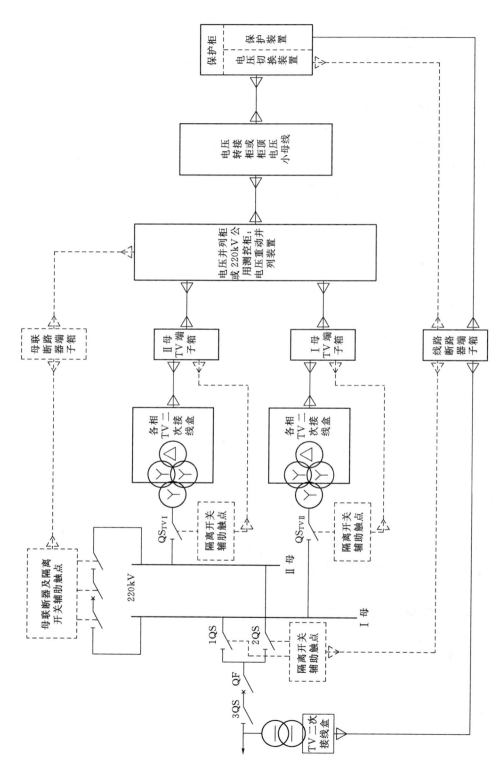

图 3 - 9　线路保护柜交流电压二次回路接线示意图

（2）如前所述，电压互感器二次电压需进行隔离重动，所以，需将电压互感器一次侧隔离开关 QS_{TVI}、QS_{TVII} 的辅助触点引接到电压重动并列装置。对于电气主接线方式为双母线或单母线分段的，两组母线电压互感器二次电压回路还有可能要进行并列。只有一次侧两组母线并列运行即母联支路或分段支路在闭合状态下，才允许二次电压回路并列，因此，还需将母联断路器或分段断路器及其两侧隔离开关的辅助触点引接至电压并列装置，以判断母联支路或分段支路是否连通。同理，双母接线的电气主接线方式下，要实现二次电压回路在两组母线电压互感器二次侧自动切换，需将线路或变压器支路 I、II 母隔离开关的辅助触点引接至电压切换装置或切换回路。为便于对上述装置或回路工作机理的理解，将以上各断路器、隔离开关辅助触点引接回路的电缆路径在图中以虚线标出。

自 测 思 考 题

1．电流互感器的作用是什么？按作用分，可分为哪两种？简述变电站电流互感器的一般配置原则。

2．保护用电流互感器的准确度等级是如何表示的？

3．什么是相对标号法和回路标号法？它们通常分别在什么情况下采用？

4．简述回路标号的基本方法。

5．简述控制电缆的标号方法。

6．简述控制电缆线芯标号方法。

7．分别简述电流互感器和电压互感器二次侧应如何进行接地。

8．电压互感器二次绕组的额定电压是如何规定的？

9．简述变电站电压互感器的一般配置原则。

10．简述电压重动并列装置的作用。

11．在什么情况下需要配置电压互感器二次电压切换回路？试简述电压切换回路的工作原理。

工作任务二 微机保护柜与断路器的连接

任 务 概 述

一、工作任务表

序号	任务内容	任 务 要 求	任务主要成果（可展示）
1	绘制微机保护柜与断路器的安装接线示意图	绘制自保护柜上操作电源开关至断路器机构箱的跳、合闸回路接线示意图，并在端子排图上标注回路编号	微机保护柜与断路器的接线示意图
2	直流电源独立性检查以及交直流串电等寄生回路检查	完成微机型继电保护柜与模拟断路器的接线，进行直流电源独立性检查以及交直流串电等寄生回路检查，并给出结论报告	继电保护柜与模拟断路器接线；检查结论报告

二、设备仪器

序号	设备或仪器名称	备 注
1	PRC41B 线路保护柜（110kV）	南京南瑞继保电气有限公司
2	PRC78E 变压器保护柜（220kV）	南京南瑞继保电气有限公司
3	PRC02B 线路保护柜（220kV）	南京南瑞继保电气有限公司
4	SAL35 线路保护柜（110kV）	积成电子股份有限公司
5	SAT3X 变压器保护柜（110kV）	积成电子股份有限公司

三、项目活动（步骤）

顺序	主 要 活 动 内 容	时间安排
1	识读保护柜接线图及保护装置技术说明书，尤其是操作回路图及相应的端子排图	课内完成
2	绘制自保护柜上操作电源开关至断路器机构箱的跳、合闸回路接线示意图，并在端子排图上标注回路编号，对于变压器保护柜，可选画 220kV 和 110kV 其中一侧的跳、合闸回路	课内完成与课外完成相结合

[工作任务单]

绘制微机保护柜与断路器的接线示意图（样单）

保护柜型号及名称：

工作风险提示：无

保护柜与断路器接线示意图：

要求：

（1）保护柜型号及名称由教师指定。

（2）可对接线示意图作一些必要的文字说明。

（3）应做好上讲台利用多媒体课件演示、说明接线示意图并回答同学和教师提问的准备。

[知识链接]

继电保护装置发出的跳合闸命令需要送到断路器的操作机构内跳合闸线圈，以实现断路器的分闸或合闸目的，因此，继电保护装置需要与断路器的控制回路正确地配合和接线。以下列出几个关于继电保护装置与断路器控制回路的接线示意图。

一、220kV 线路断路器控制回路与继电保护装置的接线示意图

220kV 线路断路器控制回路与继电保护装置的接线示意图如图 3-10 所示。

二、35～110kV 线路断路器控制回路与继电保护装置的接线示意图

35～110kV 线路断路器控制回路与继电保护装置的接线示意图如图 3-11 所示。

三、220kV 变压器高压侧断路器控制回路与继电保护装置的接线示意图

220kV 变压器高压侧断路器控制回路与继电保护装置的接线示意图如图 3-12 所示。

限于篇幅，图 3-10～图 3-12 只画出了线路断路器控制回路与继电保护装置之间的配合接线，而将手合、遥合、手跳、遥跳、防跳、跳合位监视、压力闭锁等回路的接线省略，而且，对应的电气主接线采用了有母线类接线方式。对于 220kV 系统，图中各个保护装置位于相应的保护柜上，各相合闸、跳闸线圈位于断路器操作机构箱内，其他部分均为操作箱的元件或附件。

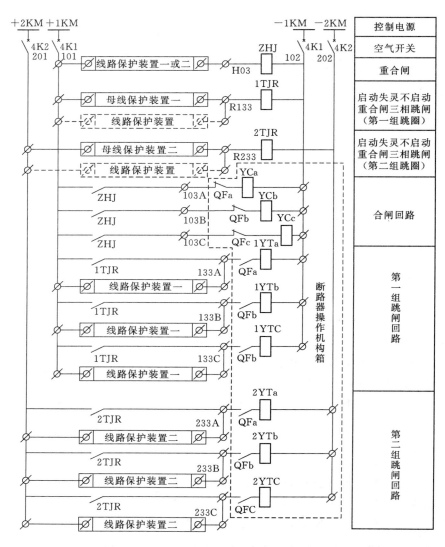

图 3 - 10　220kV 线路断路器控制回路与继电保护装置的接线示意图

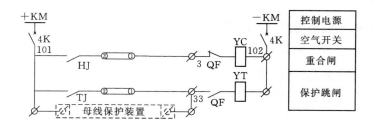

图 3 - 11　35～110kV 线路断路器控制回路
与继电保护装置的接线示意图

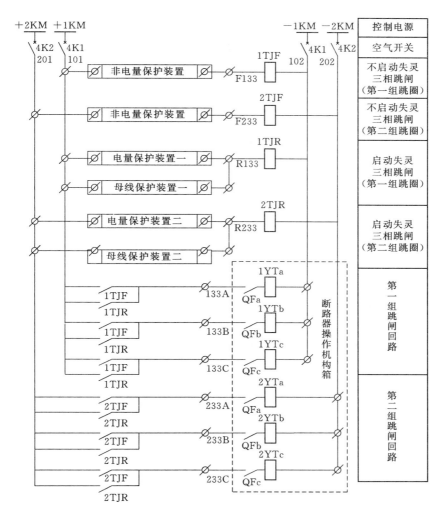

图 3 - 12　220kV 变压器高压侧断路器控制回路与继电保护装置的接线示意图

自 测 思 考 题

1. 简述 220kV 线路断路器控制回路与继电保护装置的接线情况。

2. 试介绍 220kV/110kV/10kV 变压器各侧断路器控制回路与继电保护装置的接线情况。

3. 试谈谈对 220kV 线路保护柜两组直流电源进行独立性检查的基本思路及方法。

附录

附录 A　PW 系列继电保护测试仪简介

一、概述

PW 脱机系列继电保护测试仪由北京博电新力电力系统仪器有限公司生产。该系列测试仪内置预装 Windows XP 操作系统的工控机，既可使用内置式工控机，也可与外置 PC 机联机完成保护装置的测试，而且内置式工控机与外置 PC 所使用的测试软件在操作界面、设置使用方法等方面完全相同。

PW 系列测试仪可以提供三路或六路电流源输出，每路最大输出电流为 30～60A；可以提供四路或六路电压源输出，每路最大输出电压为 120V；当所需电流或电压的数值超过单路输出能力时，可采用两路或三路并联输出电流和两路电压串联输出电压的方式，因此，该系列测试仪能满足目前电力系统继电保护测试中绝大多数情况下的电流、电压输出要求。

二、使用注意事项

为确保人身和设备安全，保证正确、安全地试验，使用继电保护测试仪应注意以下事项，并严格执行。

（1）禁止带电插拔数据电缆。连接数据电缆之前先关闭计算机和测试仪主机电源。

（2）为防止测试仪运行中机身感应静电，试验之前先通过接地端将主机可靠接地。

（3）36V 以上电压输出时应注意安全，防止触电事故的发生。

（4）禁止外部电压和电流加在测试仪的电压、电流输出端。试验中，务必防止被测保护装置上的外电压反馈到测试仪的输出端而损坏测试仪。

（5）为保证测试的准确性，应将保护装置的外回路断开。

（6）测试仪提供的直流电源（0～300V，0.5A）可以用作保护装置的直流电源，但不可以用作操作回路的直流电源。

（7）主机前后部或底部留有通风的散热槽，为确保装置正常工作，请勿堵塞或封闭散热风槽。

（8）切勿将装置露天放置而被雨水淋湿。

（9）主机采用进口机箱，不用时要及时放入外包装箱内。清洁箱体时，先将电源插头拔下，再用清洁剂或湿布小心擦洗。

（10）关闭测试仪的方法与关闭个人电脑方法相同，即应先关闭系统后再断开电源。

三、测试仪面板说明

PW 测试仪面板如附图 1～附图 3 所示，图中：

①Ia、Ib、Ic、In 电流输出接线端子，其中 In 为电流公共端。

②Ua、Ub、Uc、Uz、Un 电压输出接线端子，其中 Un 为电压公共端。

③液晶显示屏。

④包括两个信号灯："电源"灯和"运行"灯。其中"电源"为电源指示

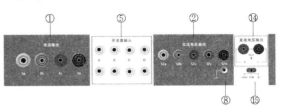

附图 1　测试仪顶面

灯，测试仪通电后电源指示灯发绿光；"运行"灯为测试仪运行指示灯，当测试仪正在运行，输出电流电压时，"运行"灯不断地发出闪烁的绿灯，否则，"运行"灯熄灭。

⑤开入量 A、B、C、D 端子。

⑥USB 接口。

⑦电源开关按钮。

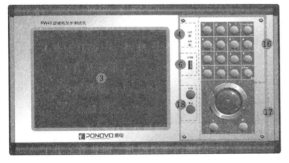

附图 2　测试仪正面

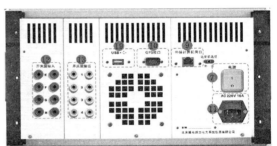

附图 3　测试仪背面

⑧装置接地端子。

⑨数据电缆插口。

⑩GPS 接口。

⑪电源插口。

⑫开入量 E、F、G、H 端子。

⑬开出量 1、2、3、4 端子。

⑭直流电压输出接线端子。

⑮直流电压输出选择钮（220V/可调/关）。

⑯键盘按键。

⑰滚球鼠标力。

⑱包括"开始"键、"停止"键和"触发"键。测试仪设置好输出电流、电压的参数后，按下"开始"键，测试仪则开始按要求输出电流电压，开始试验；试验过程中，若按"停止"键，测试仪停止输出电流电压，停止试验；"触发"键用于触发故障。

四、开关量接线方式

1．开入量

PW 系列测试仪提供八对完全隔离的开入量端子不分极性，可检测空接点、有源接点（30～250V）。

通常情况下，试验时要求将测试仪开入量接至保护装置的非保持接点，如跳闸出口接点；而不能是磁保持接点，如信号接点或位置接点如跳位接点。

前面板的四对开入量 A、B、C、D，在测试回路中的接线如附图 4 所示，可实现保护屏的所有测试。

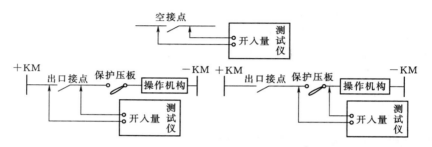

附图 4　开入量 A、B、C、D

后面板的四对开入量 E、F、G、H 在测试回路中的接线如附图 5 所示，可实现带开关的保护二次回路的整组传动试验。

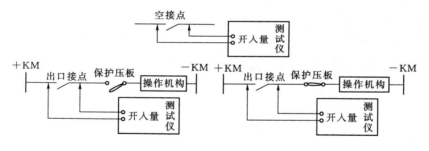

附图 5　开入量 E、F、G、H

注意：在试验过程中，为防止直流系统接地，造成保护装置的误动作，禁止将测试仪开入量的任意端接地。

2．开出量

装置提供四对开出量空接点，作为本机输出模拟量的同时输出启动信号，以启动其他装置（如记忆示波器或故障录波器等）。在某些试验（如高频保护）时用作启动触发或计时开始，还可以在进行备用电源自动投入装置测试时，用作模拟断路器跳合闸位置接点。

附录 B　PW 系列三路电流继电保护测试仪常用测试模块功能简介

"手动测试"模块

（1）可作为电压源和电流源能完成各种手动测试，测试仪输出四路交流或直流电压和三路交流或直流电流。具有输出保持功能。

（2）能以任意一相或多相电压、电流的幅值、相位和频率为变量，在试验中随意改变其大小。也可以以阻抗值和阻抗角为变量改变输出值的大小。

（3）各相的频率可以分别设置，同时输出不同频率的电压和电流。

（4）可以根据给定的阻抗值，选择"短路计算"方式，确定电流、电压的输出值。

（5）选择接收 GPS 同步信号，实现多套测试仪的同步输出。

"递变"模块

（1）可使输出电压和电流的幅值、相位和频率按用户设置的步长及变化时间递增或递减。测试保护的动作值、返回值、返回系数和动作时间。

（2）根据继电保护装置的测试规范和标准，集成了六大类保护的测试模板。

（3）所有测试项目用测试计划表方式被添加到列表中，一次可完成多个试验项目的测试。

（4）通过重复次数的设置可对同一项目进行多次试验。

（5）试验结束后，根据精度要求对试验结果进行自动评估。

状态序列

（1）可以输出四路交流电压和三路交流或直流电流。

（2）由用户定义多个试验状态，对保护装置的动作时间、返回时间以及重合闸，特别是多次重合闸进行测试。

（3）各状态可以分别设置电压、电流的幅值、相位和频率、直流值。并且在同一状态中可以设定电压的变化（dU/dt）及范围和频率变化（df/dt）及范围。

（4）提供自动短路计算，可自动计算出各种故障情况下的短路电压、电流的幅值和相位。

（5）触发条件有多种，可以根据试验要求分别设置。

（6）有四路开入量输入接点（A、B、C、D）和四路开出量输出接点（1、2、3、4）。

线路保护定值校验

（1）根据保护整定值，可通过设置整定值的倍数向测试计划列表中添加多个测试项目（测试点），从而对线路保护（包括距离、零序、高频、负序、自动重合闸、阻抗/时间动作特性、阻抗动作边界、电流保护）进行定值校验。

（2）线路保护装置的阻抗特性可从软件预定义的特性曲线库中直接选取调用，也可由用户通过专用的特性编辑器自行定义。

距离保护（扩展）

（1）通过设置阻抗扫描范围自动搜索阻抗保护的阻抗动作边界，绘制 $Z = f(I)$ 以及 $Z = f(U)$ 特性曲线。

（2）可扫描各种形状的阻抗特性，包括多边形、圆形、弧形及直线等动作边界。

（3）可设置序列扫描线也可添加特定的单条扫描线。通过添加特定阻抗角下的扫描线，找出某一具体角度下的阻抗动作边界。

整组试验

（1）对高频、距离、零序保护装置以及重合闸进行整组试验或定值校验。

（2）可控制故障时的合闸角，可在故障瞬间叠加按时间常数衰减的直流分量，用于测试量度继电器的暂态超越。

（3）可设置线路抽取电压的幅值、相位，校验线路保护重合闸的检同期或检无压。可模拟高频收发信机与保护的配合（通过故障时刻或跳闸时刻开出接点控制），完成无收发信机时的高频保护测试。

（4）通过 GPS 统一时刻，可进行线路两端保护联调。

（5）设有多种故障触发方式。

（6）可向测试计划列表中添加多个测试项目，一次完成所有测试项。

差动保护

（1）用于自动测试变压器、发电机和电动机差动保护的比例制动特性、谐波制动特性、动作时间特性、间断角闭锁以及直流助磁特性等。

（2）提供多种比例和谐波制动方式。既可对微机差动保护进行测试，也可对常规差动保护进行测试。

（3）电流互感器二次电流校正方式可以是内转角（内部校正）或外转角。

（4）提供多种制动电流计算公式。

（5）可预先绘制（定制）比例制动和谐波制动特性曲线。

同期装置

测试同期装置的电压闭锁值、频率闭锁值、导前角及导前时间、电气零点、调压脉宽、调频脉宽以及自动准同期装置的自动调整试验。

故障回放

将以 COMTRADE（Common Format for Transient Data Exchange）格式记录的数据文件用测试仪播放，实现故障重演。

谐波

所有四路电压、三路电流可输出基波、谐波（2～20 次）。需要在一个通道上叠加多次谐波时，可直接设置谐波含量的幅值和相位，设置完毕后可以直接试验输出多次谐波的叠加量。

振荡

（1）可用来模拟系统动态振荡过程，用于自动测试发电机的失磁保护、振荡解列装置在系统振荡过程中的动作情况。可以根据系统阻抗、系统电压自动判别出系统振荡中心及最大振荡电压、电流。直观显示每一次振荡的波形。

（2）可以模拟系统在振荡过程中发生故障的试验。

附录 C PW 系列继电保护测试仪测试软件工具栏各按钮作用简介

为了便于监视、控制和管理测试参数及测试过程，提高测试效率，可在 PW 系列测试仪的各测试功能模块测试窗口上方，显示各种工具栏，如"视图工具栏""试验工具栏"等，如附图 6 所示为"手动试验"测试模块的默认工具栏。工具栏的显示/隐藏可通过"查看"菜单完成，同时，工具栏及其按钮的数量和是否有效与测试模块有关，即不同测试模块的工具栏及其按钮通常是不完全相同的。以下简要地介绍一些较常用工具栏按钮的作用。

附图 6 "手动试验"工具栏

测试窗口——设置试验参数、定义保护特性、添加测试项目。测试窗口不能关闭。

序分量——按下该按钮后弹出"序分量"窗口，显示当前输出三相电流、电压的正序、负序和零序分量。

输出监视——按下该按钮后弹出"输出监视"窗口，实时显示测试仪输出电流、电压的波形。

历史状态——按下该按钮后弹出"历史状态"窗口，实时记录电流、电压随时间变化的曲线及保护装置的动作情况。

功率显示——按下该按钮后弹出"功率显示"窗口，显示三相电压、电流、功率及功率因数。用于表计校验。

录波图——从测试仪中读取其在试验中采样的电流、电压值及开关量的状态，实现对输出值的录波和试验分析。

信号指示——按下该按钮后将在窗口下方的状态栏上显示三相电流输出回路是否存在开路、电压回路存在短路以及仪器是否过热等异常情况的信号指示。

开关量——按下该按钮后将在窗口下方的状态栏上显示各个开关量状态。

开始试验——按下该按钮后测试仪即开始输出，进行试验。

停止试验——按下该按钮后测试仪立即停止输出电流、电压，结束试验。

输出保持——按下该按钮时刻的电流、电压不变，而不管当前数值是多少，直至释放输出保持按钮，才开始输出当前电流、电压并开始计时。"手动试验"测试模块下有效。

增加——每按一下该按钮，变量将按所设置的"变化步长"增加一次。在"手动试验""谐波"等测试模块下有效。

142

▣减小——每按一下该按钮，变量将按所设置的"变化步长"减小一次。在"手动试验""谐波"等测试模块下有效。

▣打开试验参数——打开预先保存的试验参数文件，将相应的试验参数调入测试系统，从而可提高工作效率。

▣试验参数保存——将当前设置的试验参数保存入文件，以备今后使用。

Ⲩ Y 方式——按下该按钮后显示当前各相电压。在"手动试验""状态序列"等测试模块下有效。

△△方式——按下该按钮后显示当前各个线电压。在"手动试验""状态序列"等测试模块下有效。

附录 D　PW 系列继电保护测试仪测试
软件一些常用术语的含义

一、测试中的时间定义

变化前延时——测试时，首先输出变量变化初始值，直至设定的变化前延时结束，然后再按步长及步长变化时间递变。在这段时间内，测试仪读取开入量状态即被测保护装置在递变前的接点状态。

触发后延时——保护动作后并且满足其触发条件或保护不动作但一个变化过程结束，变量立即停止递变直至设置的触发后延时结束，才结束本项目的测试。

间断时间——当由多个项目按顺序进行测试，一个项目测试完成后，测试仪中断输出，直到设置的间断时间结束，然后开始下一测试项目。

最大故障时间——从故障开始到试验结束的时间即试验时间，包括保护动作跳闸、重合及永跳时间，一般为 5～10s。

故障前时间——即为进入故障状态之前输出额定电压及负荷电流的时间。在线路保护测试中，要大于重合闸充电时间或保护装置的整组复归时间。微机保护一般取 20s；在递变单元中，如果故障前时间的设置大于 0s，变量在每次递变前，先进入故障前状态，输出故障前状态值直到时间结束。这种变化过程对于需要突变量启动或躲过长延时保护动作非常必要。

二、测试中的触发方式及启动方式定义

最长状态时间——测试仪输出某一状态量的最长时间结束后进入下一状态。

按键触发——单击窗口上方的工具栏上 ▣ 图标即进入下一状态。

开入量翻转触发——测试仪接收到开入量翻转信号（通常是保护动作信号），并满足设置的逻辑关系后，自动进入下一状态。开入量是否发生"翻转"与所选择的"开入量翻转判别条件"有关。开入量翻转判别条件有两种选择："以第一个状态为参考"和"以上一个状态为参考"。当选择"以第一个状态为参考"时，在以后各状态里，只要开入接点状态与第一个状态不一致，即认为该接点发生翻转。选择"以上一个状态为参考"时，在以后各状态里，只要开入接点状态与其前一个状态不一致，即认为该接点发生翻转。

GPS 触发——利用 GPS 时钟同步，整分触发，实现多台测试仪的同步测试电压触发，当设置的"触发相电压"达到所设定的触发电压值时测试仪的输出自动进入下一状态。

突变量启动——采用突变量启动时，测试仪是以脉冲的方式输出的，即加入保护装置的故障量是以突变量的方式输入的。在每一次脉冲输出时，输出的故障量都是以上一次输出的量加上故障量（变量）的变化步长作为本次脉冲输出的故障量，每一次脉冲输出的时间为设置的故障时间。两次脉冲输出的间隔时间为故障前延时时间；到保护动作或变量达到变化终止值时，测试仪关闭输出。

参 考 文 献

［1］ 国家电力调度通信中心.国家电网公司继电保护培训教材（下）［M］.北京：中国电力出版社，2009.

［2］ 韩笑，赵景峰，邢素娟.电网微机保护测试技术［M］.北京：中国水利水电出版社，2005.

［3］ 贺家李.电力系统继电保护原理（增订版）［M］.北京：中国电力出版社，2004.

［4］ 王利群.微机继电保护装置运行指导书［M］.北京：中国水利水电出版社，2009.

［5］ 赵建文，付周兴.电力系统微机继电保护技术［M］.北京：中国电力出版社，2009.

［6］ 郑新才，陈国永.220kV变电站典型二次回路详解［M］.北京：中国电力出版社，2010.

［7］ 杨新民，杨隽琳.电力系统微机培训教材［M］.北京：中国电力出版社，2008.

［8］ PW系列继电保护测试仪用户手册［R］.北京博电新力电力系统仪器有限公司.2009.

［9］ RCS978系列变压器成套保护装置220kV版技术说明书［R］.南京南瑞继保电气有限公司.2006.

［10］ RCS941系列高压输电线路成套保护装置技术和使用说明书［R］.南京南瑞继保电气有限公司.2006.

［11］ RCS902A(B/C/D)型超高压线路成套保护装置技术说明书［R］.南京南瑞继保电气有限公司.2006.

［12］ RCS978系列变压器成套保护装置调试大纲［R］.南京南瑞继保电气有限公司.2006.

［13］ RCS900系列线路及辅助保护装置使用和调试说明书［R］.南京南瑞继保电气有限公司.2006.